高等职业教育装备制造类系列教材

工业微机控制技术

主　编　栾伟峰

副主编　王文明　王海燕

中国铁道出版社有限公司

CHINA RAILWAY PUBLISHING HOUSE CO., LTD.

内 容 简 介

本书从工程实际出发，详细介绍了工控机测控系统的组成、各功能部件的结构、使用方法和应用。本书共有四个学习情境，分别是计算机测控系统概述、计算机测控系统的硬件和软件、数据采集卡的应用、运动控制卡的应用。全书共包含 13 个项目，31 个任务。在理论方面，主要介绍计算机测控系统、工控机的组成、总线结构、I/O 接口和过程通道。在实践方面，以 PCI 数据采集卡和 PCI 运动控制卡的应用为主线，串联了数字量输入/输出通道项目、模拟量输入/输出通道项目、数据采集综合项目、运动控制卡的点对点操作项目、回原点项目等。通过这些项目，详细介绍了工控机测控系统的软、硬件设计方法和实现。

本书适合作为高等职业院校智能控制专业教材，也可作为成人教育、自学考试、企业培训、职业技能培训的教材，以及智能制造领域人员的参考书。

图书在版编目（CIP）数据

工业微机控制技术/栾伟峰主编. —北京：中国铁道出版社有限公司，2022.11
高等职业教育装备制造类系列教材
ISBN 978-7-113-29689-6

Ⅰ.①工… Ⅱ.①栾… Ⅲ.①工业控制计算机-计算机控制系统-高等职业教育-教材 Ⅳ.①TP273

中国版本图书馆 CIP 数据核字（2022）第 177100 号

书　　名：工业微机控制技术
作　　者：栾伟峰

策　　划：汪　敏　　**编辑部电话：**（010）51873628
责任编辑：汪　敏　徐盼欣
封面设计：付　巍
封面制作：刘　颖
责任校对：焦桂荣
责任印制：樊启鹏

出版发行：中国铁道出版社有限公司（100054，北京市西城区右安门西街 8 号）
网　　址：http://www.tdpress.com/51eds/
印　　刷：三河市宏盛印务有限公司
版　　次：2022 年 11 月第 1 版　2022 年 11 月第 1 次印刷
开　　本：787 mm×1 092 mm 1/16　**印张：**11.75　**字数：**307 千
书　　号：ISBN 978-7-113-29689-6
定　　价：33.00 元

前 言

本书是国家职业教育智能控制技术专业教学资源库建设的成果之一，也是基于新专业教学标准的专业课程建设和资源开发实践的新教材。

近年来，随着新兴产业的蓬勃发展，我国工业自动化控制技术、产业和应用有了很大发展。特别是当前以多技术融合为基础的第四次工业革命，使集成大量计算机、通信和控制技术为一体的智能制造成为中国制造强国战略的主攻方向。在各类新技术高度集成的行业发展背景下，工控机的应用技术将越来越广泛。工控机的组成、以工控机为核心的智能制造设备的基本理论、工控解决方案、工控设备的软硬件结合方法等，已成为智能制造领域人才必备的知识。

本书适应智能控制技术专业建设和改革发展的需要，编写注重以下几点：

1. 项目化教材

本书采用“项目化教学模式”，先给出“学习目标”，按照“项目描述”→“相关知识”→“项目实施”的方式组织，在“项目实施”中安排由浅入深、由简单到复杂的递进式任务。本书共有四个学习情境，分别是计算机测控系统概述、计算机测控系统的硬件和软件、数据采集卡的应用、运动控制卡的应用。各学习情境内包含独立的项目，在项目实施中穿插相关知识点和知识拓展，任务是具体实施的案例。

2. 注重实践

本书以实践项目为主导，理论融于实践当中，从实践当中获取知识。实践项目的软件采用当今工业控制领域广泛应用的C#编程语言，程序框架、界面编辑和编程语句都易于理解。每个案例在软件编程方面有分步的指导，初学者也能够接受。

3. 立体化教材

本书也是立体化教材的一部分。在微知库网站，有本课程的资源链接，包括电子课件、授课视频、实训案例、知识拓展、源程序、习题等，满足师生在线教学和学习的多种功能。

本书从工程实际出发，详细介绍了工控机测控系统的组成、各功能部件的结构、使用方法和应用。全书共包含 31 个任务，包含了工控板卡的 API 链接、PCI 数据采集卡中模拟和数字量输入/输出通道的特点和应用方法、运动控制卡的点对点、回原点等操作，详细介绍了数据采集卡和运动控制卡组成的测控系统的软硬件设计方法。

本书由苏州工业园区职业技术学院栾伟峰担任主编，苏州大学应用技术学院王文明、苏州工业园区职业技术学院王海燕担任副主编。具体编写分工如下：栾伟峰编写项目 1、项目 6～项目 11，王海燕编写项目 2～项目 5，王文明编写项目 12 和项目 13。栾伟峰对全书进行统稿定稿。

由于编者水平有限，书中难免存在不妥及疏漏之处，恳请读者批评指正。

编 者

2022 年 6 月

目　录

学习情境 1　计算机测控系统概述

学习情境 2　计算机测控系统的硬件和软件

学习情境 3 数据采集卡的应用

学习情境 4 运动控制卡的应用

学习情境1

计算机测控系统概述

项目 1　认识计算机测控系统

学习目标

- 掌握计算机测控系统的概念。
- 了解计算机测控系统的发展。
- 掌握计算机测控系统的工作过程。
- 掌握计算机测控系统的典型分类和特点。

1.1　项目描述

所谓自动控制，即在非人工直接参与的情况下，应用自动控制装置自动地、有目的地控制设备和生产过程，使它们具有一定的状态和性能，完成相应的功能，实现预期目标。随着工业生产规模走向大型化、复杂化、精细化、批量化，靠仪表控制系统已很难达到生产和管理要求。计算机测控系统是近几十年发展起来的以计算机为核心的控制系统，简单来说就是以计算机为核心，在生产过程中自动控制的系统。

图 1-1 所示为计算机测控系统的典型结构。从图中可以看出，计算机测控系统控制计算机根据给定输入信号、反馈信号与系统的数学模型进行信号处理，实现控制策略，通过执行机构控制被控对象，达到预期的控制目标。

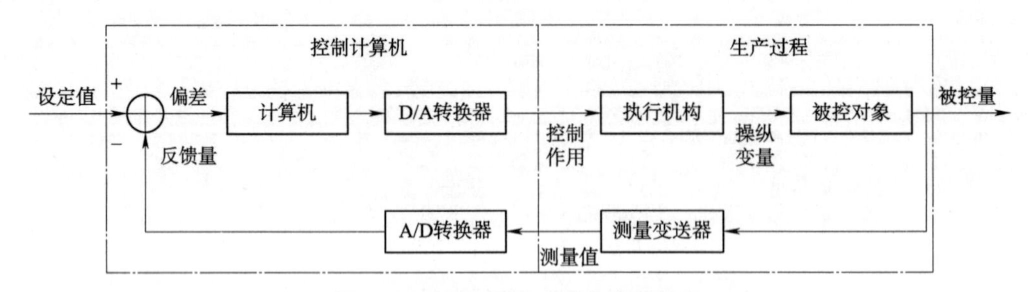

图 1-1　计算机测控系统的典型结构

1.2 相关知识

1.2.1 计算机控制的概念

所谓计算机控制，就是利用传感装置将被监控对象中的物理参量（如温度、压力、液位、速度）转换为电量（如电压、电流），再将这些代表实际物理参量的电量送入输入装置中转换为计算机可识别的数字量，并且在计算机的显示装置中以数字、图形或曲线的方式显示出来，从而使得操作人员能够直观而迅速地了解被监控对象的变化过程。除此之外，计算机还可以将采集到的数据存储起来，随时进行分析、统计和显示并制作各种报表。如果还需要对被监控的对象进行控制，则由计算机中的应用软件根据采集到的物理参量的大小和变化情况以及按照工艺所要求该物理量的设定值进行判断，然后在输出装置中输出相应的电信号，并且推动执行装置（如调节阀、电动机）动作，从而完成相应的控制任务。

1.2.2 计算机测控系统的发展

随着科学的发展、技术的进步和对控制要求的提高，控制对象越来越复杂多样，使得测控系统的控制越来越复杂，出现了多输入-多输出的多变量系统、非线性系统控制、时变和分布参数控制系统。对于这些系统，使用常规的控制方法实现是十分困难的。电子计算机尤其是工业计算机的出现并应用于自动控制领域，使自动控制水平产生了巨大的飞跃。

计算机控制技术是以计算机技术、自动控制技术、微电子技术、自动检测技术和传感技术有机结合、综合发展的产物。它主要研究如何将检测和传感技术、计算机技术和自动控制技术应用于工业生产过程、农业生产、国防等自动控制行业，并设计出所需要的计算机测控系统。

世界上第一台通用电子数字计算机于 1946 年在美国问世。经历了十多年的研究，1959 年世界上第一台过程控制计算机 TRW-300 在美国得克萨斯州的一个炼油厂正式投入运行。这项开创性工作为计算机控制技术的发展奠定了基础，从此，计算机控制技术获得了迅速的发展。

回顾工业过程的计算机控制历史，经历了以下几个时期：

（1）起步时期（20 世纪 50 年代）。20 世纪 50 年代中期，有人开始研究将计算机用于工业过程控制。美国首先用计算机来完成对生产过程进行巡检数据此案件和数据处理。

（2）试验时期（20 世纪 60 年代）。计算机测控系统已成功应用于化工、钢铁和电力等不同领域，但这些系统都是以数字的采集和处理为主。1962 年，英国的帝国化学工业公司制造出一套可以直接对生产过程进行控制的计算机测控系统，开创了直接数字控制的新时期。

（3）推广时期（20 世纪 70 年代）。随着大规模集成电路（Large Scale Integration，LSI）技术的发展，1972 年生产出了微型计算机（Micro-computer）。其最大优点是运算速度快，可靠性高，价格便宜和体积小。

（4）成熟时期（20 世纪 80 年代）。随着超大规模集成电路（Very Large Scale Integration，VLSI）技术的飞速发展，使得计算机向着超小型化、软件固定化和控制智能化方向发展。80 年代末，又推出了具有计算机辅助设计（Computer Aided Design，CAD）、专家系统、控制管理融为一体的新型集散控制系统。

（5）进一步发展时期（20 世纪 90 年代）。在计算机测控系统进一步完善、应用更加普及、价格不断下降的同时，功能更加丰富，性能变得更加可靠。

（6）随着4C技术[现代计算机技术（Computer）、现代控制技术（Control）、现代通信技术（Communication）、现代图形显示技术（CRT）网络技术]的发展，现场总线控制系统和网络测控系统应运而生。可编程控制器的综合应用打破了原工业控制的格局，并共同融入计算机控制系统的大门类之中。

1.2.3 计算机测控系统的工作过程

从本质上讲，计算机测控系统的工作过程可归纳为以下三步。

（1）实时数据采集：对被控量的瞬时值进行检测和输入。

（2）实时控制决策：对采集到的信息进行分析、比较、分类和处理，并按已定的控制规律决定将要采取的控制行为。

（3）实时控制输出：根据控制决策，实时地对执行机构发出控制信号。

上述过程不断重复，使整个系统按照一定的品质指标正常稳定地运行，一旦被控量和设备本身出现异常状态，计算机能够实施监督并做出迅速处理。

1.2.4 与计算机测控系统相关的主要概念

计算机测控系统是一个实时系统，那什么是实时呢？

（1）实时：是指信号的采集、计算决策、输出控制都要在一定的时间内完成，满足系统的要求。

（2）实时系统：是指对外来事件在限定时间内能做出反应的系统。实时控制系统和实时信息处理系统统称实时系统。

（3）控制周期（采样周期）：完成实时数据采集、实时控制决策、实时控制输出所用的时间。

（4）衡量实时系统实时性的三个主要指标：

① 响应时间（Response）：计算机从识别一个外部事件到做出响应的时间。

② 吞吐量（Throughput）：在给定时间内，系统可以处理的事件总数。

③ 生存时间（Survival Time）：数据有效等待时间。

（5）在线方式和离线方式（On-Line/Off-Line）：生产过程和计算机直接连接，并受计算机控制的方式称为在线方式（或联机方式）；生产过程不和计算机相连，且不受计算机控制，而是靠人进行联系并做相应操作的方式称为离线方式（或脱机方式）。

信号的输入、计算和输出都要在一定的时间范围内完成，亦即计算机对输入信息，要以足够快的速度进行控制，超出了这个时间，就失去了控制的时机，控制也就失去了意义。 因此，实时系统一定是在线系统，而在线系统不一定是实时系统。

1.2.5 计算机测控系统的软件

首先，要分辨几个概念。

① 软件：是计算机系统中与硬件相互依存的另一部分，它是程序、数据及其相关文档的完整集合。

② 程序：是按事先设计的功能和性能要求执行的指令序列。

③ 数据：是使程序能正常操纵信息的数据结构。

④ 文档：是与程序开发、维护和使用有关的图文材料。

计算机测控系统根据功能可以分为系统软件和应用软件两类。

1. 系统软件

系统软件由一组控制计算机系统并管理其资源的程序组成，并以尽可能简便的形式向用户提供使用资源的服务，其主要包括操作系统、系统实用程序、系统扩充程序（操作系统的扩充、汉化）、网络系统软件、设备驱动程序、通信处理程序，存储、加载和执行应用程序，对文件进行排序、检索的程序，将程序语言翻译成机器语言的程序等。实际上，系统软件可以看作用户与计算机的接口，它为应用软件和用户提供了控制、访问硬件的手段。此外，编译系统和各种工具软件也属此类，它们辅助用户使用计算机。

（1）操作系统是最基本的系统软件，是一个功能强、规模大的管理程序。

① 单用户操作系统：专用于单个微机，如 DOS 操作系统、Windows 操作系统。

② 多用户操作系统：专用于多个终端的主机，如 UNIX 多用户操作系统。

③ 网络操作系统：专用于网络系统，如 Novell、Windows NT 等。

④ 嵌入式操作系统：专用于嵌入式开发系统，如 Windows CE、Palm OS、Linux 等。

（2）辅助软件开发人员进行软件开发工作使用的各种工具软件也属于系统软件，借以完成软件开发工作，提高软件生产效率，改善软件产品的质量等。它主要包括软件开发工具、软件评测工具、界面工具、转换工具、软件管理工具、语言处理程序、数据库管理系统、网络支持软件以及其他支持软件。例如，用于开发控制系统应用软件的是各种语言的汇编、解释和编译程序，包括面向机器的汇编语言（如 MASM）、面向过程的语言（C 语言）、面向对象的语言（如 Visual C++、Visual Basic、Visual C#等）、组态监控软件（如 KingView、MCGS、FIX 等）、各种数据库软件等。

目前工业自动化企业工控机普遍使用 Windows 操作系统，对工控软件的要求是具有良好的人机界面和丰富的监视画面，在使用上操作便捷，能在较短的时间内开发出功能完善的控制软件。当前控制软件的开发普遍采用面向对象的语言、组态监控软件及虚拟仪器软件等。

系统软件通常由计算机厂商和专业软件公司研制，可以从市场上购置。计算机测控系统的设计人员一般没有必要自行研制系统软件，它们只是开发应用软件的工具。但是，需要了解和学会使用系统软件，这样才能更好地开发应用软件。

2. 应用软件

应用软件是指应用软件公司或用户为解决某类应用问题而专门研制的软件，主要包括科学和工程计算机软件、文字处理软件、数据处理软件、图形图像处理软件、应用数据库软件、事务管理软件、辅助类软件、控制类软件等。它可以拓宽计算机系统的应用领域，放大硬件的功能。从其服务对象的角度，应用软件可分为通用软件和专用软件两类。

（1）通用软件：这类软件通常是为解决某一类问题而设计的，而这类问题是很多人都会遇到和解决的，如文字处理、表格处理、电子演示等。

（2）专用软件：在市场上可以买到通用软件，但有些具有特殊功能和需求的软件是无法买到的。比如，某个用户希望有一个程序能自动控制车床，同时能将各种事务性工作集成起来统一管理。因为它对于一般用户而言太特殊了，所以只能组织人力开发。当然，开发出来的这种软件也只能专用于这种情况。

测控系统软件属于应用软件，它主要实现企业对生产过程的实时控制和管理以及企业整体生产的管理控制。

（1）计算机测控系统软件的组成。按 CIMS 模型结构体系，计算机测控系统通常由五部分组成，自底向上依次是：

① 设备控制层：实现对车间各设备单独控制，保证设备按生产工艺要求正常工作。

② 过程控制层：按工艺生产过程实现控制，选择恰当控制策略和方案进行实时控制，使生产过程目标达到最优。

③ 调度层：协调组织各车间、部门进行按计划进行生产，以满足企业市场要求。

④ 管理层：对生产过程、生产质量、人员、物料等生产管理要素进行管理。

⑤ 决策层：根据前面各层的数据，进行统计、分析，为企业领导提供决策支持。

（2）计算机测控系统软件的功能。

① 实时数据采集：采集现场控制设备的数据，过程控制参数。

② 控制策略：为控制系统提供可供选择的控制策略方案。

③ 闭环输出：在软件支持下进行闭环控制输出，以达到优化控制的目的。

④ 报警监视：处理数据报警及系统报警。

⑤ 画面显示：使来自设备的数据与计算机图形画面上的各元素关联起来。

⑥ 报表输出：各类报表的生成和打印输出。

⑦ 数据存储：存储历史数据并支持历史数据查询。

⑧ 系统保护：自诊断、掉电处理、备用通道切换和为提高系统可靠性和维护性所采取的措施。

⑨ 通信功能：各控制单元间、操作站间、子系统间的数据通信功能。

⑩ 数据共享：具有与第三方程序的接口，方便数据共享。

1.2.6 计算机测控系统具有的特点

（1）可靠性高：平均无故障时间要长，抗干扰能力强。

（2）实时响应要好：系统应有较强的时钟功能。

（3）计算机的精度、速度要适当。

（4）具有丰富的指令系统和完善的软件。

（5）具有完善的中断系统。

（6）外围设备要完备，互换性、通用性要好。

（7）具备掉电保护功能。

1.2.7 计算机测控系统的典型分类

1. 数据采集系统

数据采集系统（Data Acquisition System，DAS）如图 1-2 所示。计算机按一定的算法，根据检测仪表测得的信号数据，由数据处理系统对生产过程的大量参数进行巡回检测、处理、分析、记录以及参数的超限报警等。通过对大量参数的积累和实时分析，可以达到对生产过程进行各种趋势分析，为操作人员提供参考，或者计算出可供操作人员选择的最优操作条件及操作方案，操作人员根据计算机输出的信息去改变调节器的给定值或者直接操作执行机构。

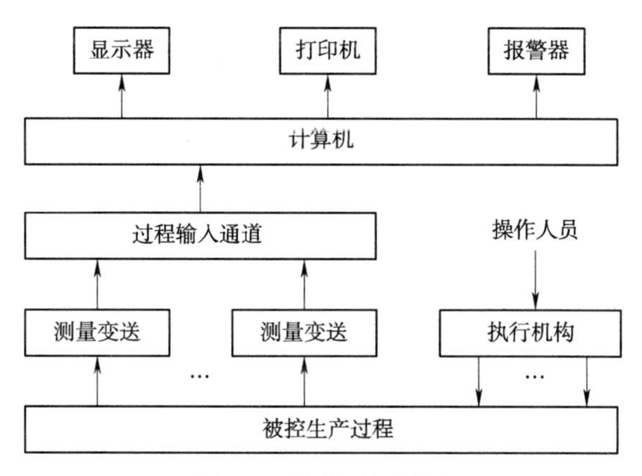

图 1-2　数据采集系统

过程参数经测量变送器、过程通道定时地送入计算机，由计算机对来自现场的数据进行分析和处理后，根据一定的控制规律和管理方法进行集散，然后通过显示器或打印机输出信息，供操作人员参考。

数据采集系统的特点是输出不直接作用于生产过程的执行机构，不直接影响生产过程的进行。它的输出只作用于有关的外围设备和人机接口，为操作人员的分析、判断提供信息显示。这是一种开环控制系统，仅对生产过程进行监视，不对生产过程进行自动控制。该系统的优点是结构简单、控制灵活、安全性强，缺点是人工操作、速度慢，不能控制多个对象。

数据采集系统常用于进行数据检测处理、试验新的数学模型和调试新的控制程序等。

2. 直接数字控制系统

直接数字控制（Direct Digital Control，DDC）系统如图 1-3 所示。计算机通过过程输入通道对控制对象的多个参数进行巡回检测，根据测得的参数按照一定的控制算法预算后获得控制信号量，经过过程输出通道作用到执行机构，从而实现对被控参数的自动调节，使被控参数稳定在设定值上。

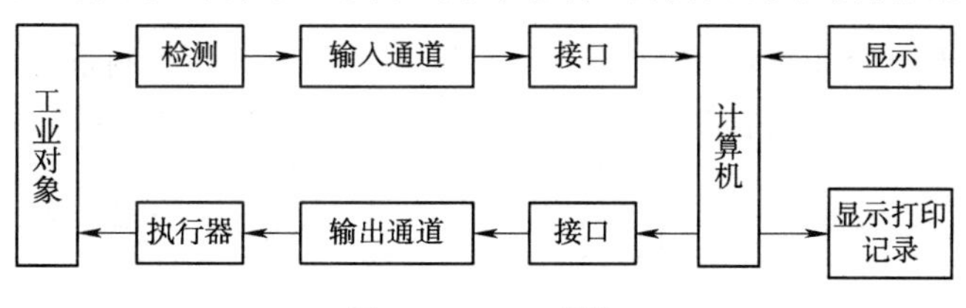

图 1-3　DDC 系统

DDC 系统与模拟调节系统有很大的相似性。DDC 系统以计算机取代多台模拟调节器的功能。由于计算机具有很强的计算和逻辑功能，因此可以实现对各种复杂规律的控制。

DDC 系统是闭环控制系统。它对被控制变量和其他参数进行巡回检测，与给定值比较后求得偏差，然后按事先规定的控制策略，如比例、积分、微分规律进行控制运算，最后发出控制信号，通过接口直接操纵执行机构对被控对象进行控制。这种控制方式在工业生产中应用最为普通。

3. 监督计算机控制系统

在 DDC 方式中，被控对象的给定值是预先设定的，它不能根据生产过程工艺信息和生产条件的改变及时得到修正，所以 DDC 系统不保证使生产过程处于最优工况。

在监督计算机控制（Supervisory Computer Control，SCC）系统（见图 1-4）中，计算机按照

生产过程的数学模型计算出最佳给定值送给模拟调节器或者 DDC 计算机，模拟调节器或者 DDC 计算机控制生产过程，从未使生产过程始终处于最优工况，SCC 系统较 DDC 系统更接近生产变化的实际情况，它不仅可以进行给定值控制，而且还可以进行顺序控制、自适应控制和最优控制等。这类系统有两种结构形式：一种是 SCC+模拟调节器控制系统；另一种是 SCC+DDC 系统。

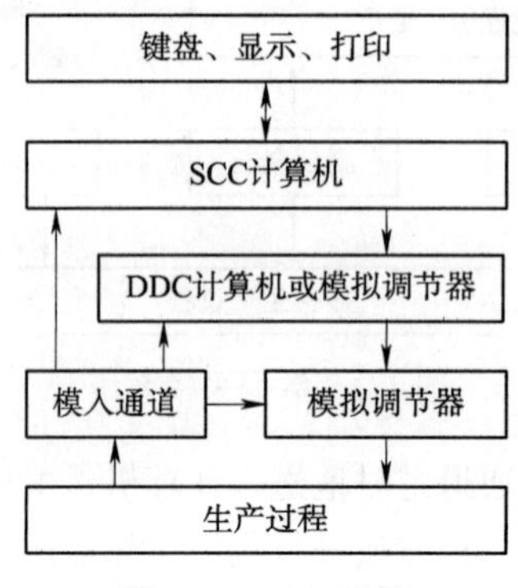

图 1-4　SCC 系统

（1）SCC+模拟调节器控制系统。在此系统中，由 SCC 系统对各物理量进行巡回检测，按一定的数学模型计算出最佳给定值并送给调节器，此给定值在模拟调节器中与检测值进行比较，偏差值经过模拟调节器运算，产生控制量，然后输出到执行机构，以达到调节生产过程的目的。当 SCC 出现故障时，可由模拟调节器独立完成操作。

（2）SCC+DDC 系统。这实际上是一个两级控制系统：一级为 SCC 的监督级；另一级为 DDC 的控制级。SCC 的作用是完成车间或工段级的量优化分析和计算，并给出最佳给定值，送给 DDC 级计算机直接控制生产过程。两级计算机之间通过接口进行信息交换。当 DDC 级计算机出现故障时，可由 SCC 级计算机代替，因此大大提高了系统的可靠性。

4. 集散控制系统

集散控制系统（Distributed Control System，DCS）也称分布控制系统，是以微处理器为基础的集中分散控制系统，主要特征是集中管理和分散控制，如图 1-5 所示。

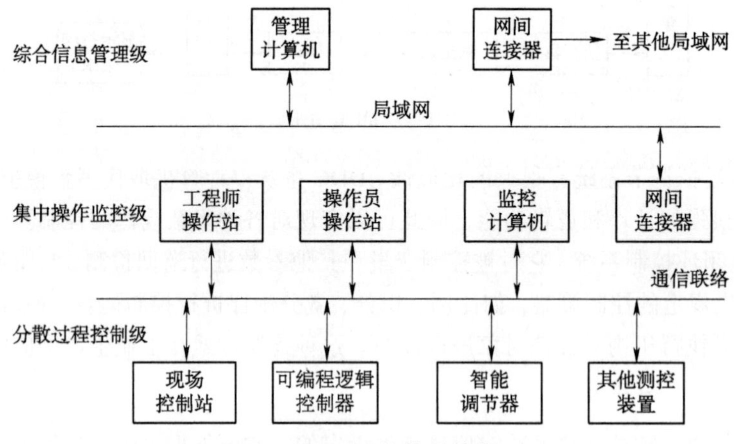

图 1-5　DCS 的体系结构

DCS 的体系结构分为三个级别：

（1）综合信息管理级：此级别由 PC、小型计算机或工作站组成，用来进行总的生产调度管理。它面对的是经营管理者或高级生产管理者，它需要对大量数据进行处理，并要求有良好的人机界面实现控制，需要冗余的信息保证安全生产。

（2）集中操作监控级：包括工程师和操作员操作站、监控计算机等。这一部分是要求实现对生产过程的指令操作，通过这个站点对控制站进行实时控制，要求有良好的人机界面，通过调控可以达到控制的效果。

（3）分散过程控制级：对工业生产过程进行实时的控制，从而实现控制功能，同时向高级控制层反馈所得到的工业生产状况的信息。

三个级别通过系统网络连接，分为实时网络和非实时网络两种，包括以太网和现场总线。它是构建集散控制系统体系的“血脉”。

除了上述内容之外，DCS 还可包括完成某些专门功能的站、扩充生产管理和信息处理功能的信息网络，以及实现现场仪表、执行机构数字化的现场总线网络。具体各部件功能如下：

（1）操作员站。操作员站主要完成人机界面的功能，一般采用桌面型通用计算机系统，如图形工作站或个人计算机等。其配置与常规的桌面系统相同，但要求有大尺寸的显示器和高性能的图形处理器，有些系统还要求每台操作员站使用多屏幕，以拓宽操作员的观察范围。

（2）现场控制站。现场控制站是 DCS 的核心，系统主要的控制功能由它来完成。系统的性能、可靠性等重要指标也要依靠现场控制站保证，因此对它的设计、生产及安装有很高的要求。

（3）工程师站。工程师站是 DCS 中的一个特殊功能站，其主要作用是对 DCS 进行应用组态。应用组态是 DCS 应用过程当中必不可少的一个环节，只有完成了正确的组态，一个通用的 DCS 才能够成为针对某个具体控制应用的可运行系统。一般在一个标准配置的 DCS 中配有一台专用的工程师站，也有些小型系统不配置专门的工程师站，而将其功能合并到某台操作员站中，在这种情况下，系统只在离线状态具有工程师站的功能，而在在线状态下就没有了工程师站的功能。

（4）服务器及其他功能站。在现代的 DCS 结构中，除了现场控制站和操作员站以外，还可以有许多执行特定功能的计算机，如专门记录历史数据的历史站、进行高级控制运算功能的高级计算站、进行生产管理的管理站。这些站也都通过网络实现与其他各站的连接，形成一个功能完备的复杂系统。

（5）系统网络。系统网络是连接系统各个站的桥梁。DCS 是由各种不同功能的站组成的，这些站之间必须实现有效的数据传输，以实现系统总体的功能。随着以太网逐步成为事实上的工业标准，越来越多的 DCS 厂家直接采用了以太网作为系统网络。

（6）现场总线网络。早期的 DCS 在现场检测和控制执行方面仍采用了模拟式变送单元和执行单元，在现场总线出现以后，这两个部分也被数字化，因此 DCS 将成为一种全数字化的系统。在以往采用模拟式变送单元和执行单元时，系统与现场之间是通过模拟信号线连接的，而在实现全数字化后，系统与现场之间的连接也将通过计算机数字通信网络，即通过现场总线实现连接，这将彻底改变整个控制系统的面貌。

（7）高层管理网络。目前 DCS 已从单纯的低层控制功能发展到了更高层次的数据采集、监督控制、生产管理等全厂范围的控制、管理系统。这种具有系统服务器的结构，在网络层次上增加了管理网络层，主要是为了完成综合监控和管理功能，在这层网络上传送的主要是管理信息和生产调度指挥信息。这样的系统实际上就是一个将控制功能和管理功能结合在一起的大型信息系统。

5. 现场总线控制系统

计算机和网络技术的飞速发展，引起了自动化控制系统结构的变革。现场总线控制系统（Fieldbus Control System，FCS）在20世纪90年代走向实用化，并以迅猛的势头快速发展。它是用现场总线这一开放的、具有互操作性的网络将现场各个控制器和仪表及仪表设备互连，构成现场总线控制系统，同时控制功能彻底下放到现场，降低了安装成本和维修费用。因此，FCS实质上是一种开放的、具有互操作性的、彻底分散的分布式控制系统，如图1-6所示。

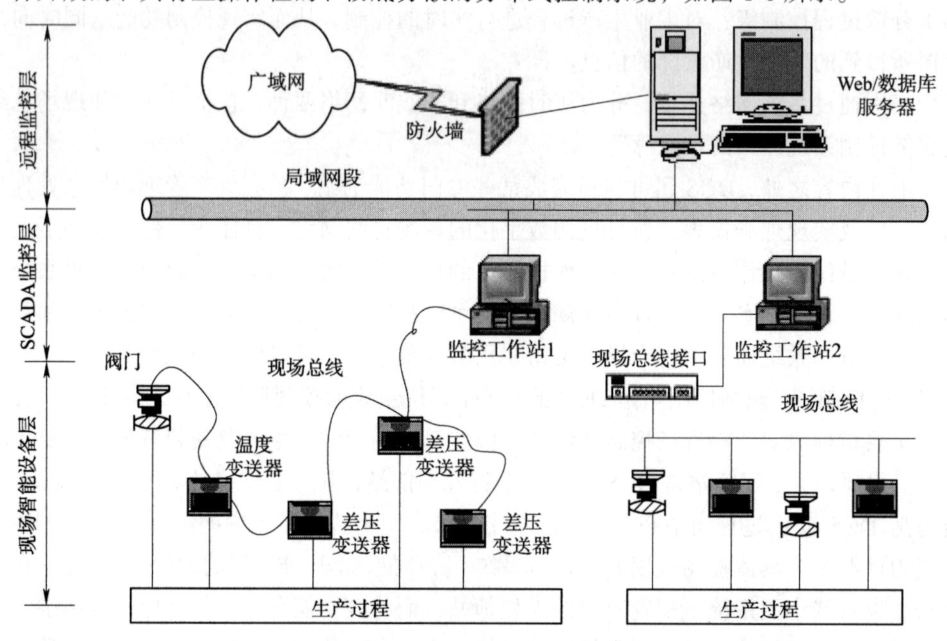

图1-6　现场总线控制系统

通过使用现场总线，用户可以大量减少现场接线，用单个现场仪表可实现多变量通信，不同制造厂生产的装置间可以完全互操作，增加现场一级的控制功能，系统集成大大简化，并且维护十分简便。传统的过程控制仪表系统每个现场装置到控制室都需使用一对专用的双绞线，以传送4～20 mA信号；现场总线系统中，每个现场装置到接线盒的双绞线仍然可以使用，但是从现场接线盒到中央控制室仅用一根双绞线即可完成数字通信。

现场总线的特点：

（1）系统的开放性：开放是指对相关标准的一致性、公开性，强调对标准的共识与遵从。一个开放系统，是指它可以与遵守相同标准的其他设备或系统连接。通信协议一致公开，各不同厂家的设备之间可实现信息交换。现场总线开发者就是要致力于建立统一的IT底层网络的开放系统。用户可按自己的需求，把来自不同供应商的产品组成大小随意的系统，通过现场总线构筑自动化领域的开放互连系统。

（2）互可操作性与互用性：互可操作性，是指实现互连设备间、系统间的信息传送与沟通；互用性则意味着不同生产厂家的性能类似的设备可实现相互替换。

（3）现场设备的智能化与功能自治性：它将传感测量、补偿计算、工程量处理与控制等功能分散到现场设备中完成，仅靠现场设备即可完成自动控制的基本功能，并可随时诊断设备的运行状态。

（4）系统结构的高度分散性：现场总线已构成一种全分散性控制系统的体系结构，从根本上改变了现有DCS集中与分散相结合的集散控制系统体系，简化了系统结构，提高了可靠性。

（5）对现场环境的适应性：工作在生产现场前端、作为工厂网络底层的现场总线，是专为现场环境而设计的，可支持双绞线、同轴电缆、光缆、射频、红外线、电力线等，具有较强的抗干扰能力，能采用两线制实现供电与通信，并可满足本质安全、防爆要求等。

（6）节省硬件数量与投资：由于现场总线系统中分散在现场的智能设备能直接执行多种传感、控制、报警和计算功能，因而可减少变送器的数量，不再需要单独的调节器、计算单元等，也不再需要DCS的信号调理、转换、隔离等功能单元及其复杂接线，还可以用工控PC作为操作站，从而可节省硬件投资，并可减少控制室的占地面积。

（7）节省安装费用：现场总线系统的接线十分简单，一对双绞线或一条电缆上通常可挂接多个设备，因而电缆、端子、槽盒、桥架的用量大大减少，连线设计与接头校对的工作量也大大减少。当需要增加现场控制设备时，无须增设新的电缆，可就近连接在原有电缆上，既节省了投资，也减少了设计、安装的工作量。

（8）节省维护开销：现场控制设备具有自诊断与简单故障处理的能力，并通过数字通信将相关的诊断维护信息送往控制室，用户可以查询所有设备的运行，诊断维护信息，以便早期分析故障原因并快速排除，缩短了维护停工时间；同时，由于系统结构简化，连线简单而减少了维护工作量。

（9）用户具有高度的系统集成主动权：用户可以自由选择不同厂商的设备来集成系统，避免因选择某一品牌的产品而被“框死”了使用设备的选择范围，不会为系统集成中不兼容的协议、接口而一筹莫展，使系统集成过程中的主动权牢牢掌握在用户手中。

（10）提高了系统的准确性与可靠性：由于现场总线设备的智能化、数字化，与模拟信号相比，它从根本上提高了测量与控制的精确度，减少了传送误差。

6. 计算机集成制造系统

随着工业生产过程规模的日益复杂与大型化，现代化工业要求计算机系统不仅要完成直接面向过程的控制和优化任务，而且要在获取生产全部过程中尽可能多的信息基础上，进行整个生产过程的综合管理、指挥调度和经营管理。由于自动化技术、计算机技术、数据通信技术等的发展，已完全可以满足上述要求。能实现这些功能的系统称为计算机集成制造系统（Computer Integrated Manufacture System，CIMS）。当CIMS用于工业流程时，简称为流程CIMS或CIPS（Computer Integrated Processing System）。工业流程计算机集成制造系统按其功能可以自下而上地分成若干层，如过程直接控制层、过程优化监督层、生产调度层、企业管理层和经营决策层等。

这类系统除了常见的过程直接控制、先进控制与过程优化功能之外，还具有生产管理和产品订货、销售、运输等非传统控制的诸多功能。因此，计算机集成制造系统所要解决的不再是局部最优问题，而是一个工厂、一个企业乃至一个区域的总目标或总任务的全局多目标最优，即企业综合自动化问题。最优化的目标函数包括产量最高、质量最好、原料能耗最小、成本最低、可靠性最高、对环境污染最小等指标，它反映了多方面的综合性要求，是工业过程自动化及计算机测控系统发展的新方向。

1.3 项 目 实 施

任务 1-1 分析系统的工作原理和各部件功能

图 1-1 所示为计算机测控系统的典型结构，实际上是一个带反馈的自动控制系统，设定值和反馈量所得到的偏差，在计算机中进行分析和处理，由于生产过程中的各种物理量一般都是模拟量，计算机的输入和输出均采用数字量，因此，在计算机测控系统中，对于信号输出需要增加 D/A 转换器，将计算机输出的数字信号转换成执行机构所需要的连续模拟信号，对于信号输入，需增加 A/D 转换器，将连续的模拟信号转换成计算机能接收的数字信号。执行机构可以是开关、阀门、电机等，操纵变量对生产过程中的被控对象实现控制，同时被控量也通过测量变送器，也就是各种测量参数的传感器，得到测量值，成为反馈量反馈到输入端。测量信号在前向通道和反馈通道中循环反复，正常稳定地运行。

任务 1-2 描述计算机温度控制系统的工作原理

图 1-7 所示为计算机温度控制系统的组成，加热炉为控制对象，被控量就是加热炉的温度。热电偶为温度传感器，将送入温度变送器，将其转换为标准的电压信号，再将该电压信号送入输入模块，将检测的信号转换为计算机可以识别的数字信号。计算机通过软件对该信号进行分析和处理，结果通过输出模块转化为可以推动调节阀动作的电压或者电流。通过改变调节阀的阀门开度即改变燃料流量的大小，可以达到控制加热炉温度的目的。与此同时，不仅可以编辑系统的工作过程界面，还可以将与炉温相对应的数字信号以数值或者图形的方式在计算机显示器上显示出来。操作人员可以利用计算机的键盘和鼠标输入炉温的设定值，由此实现计算机监控的目的。

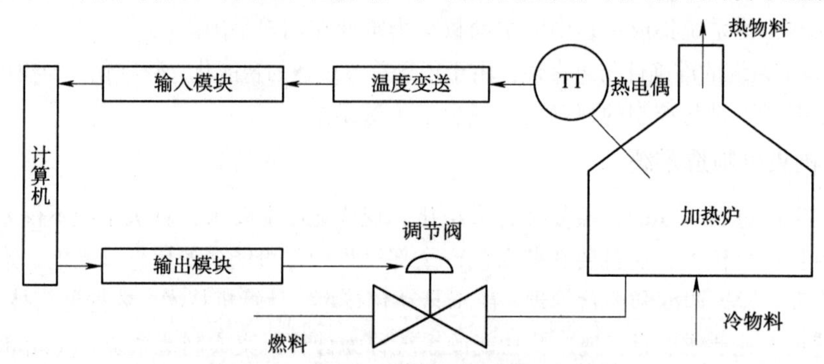

图 1-7 计算机温度控制系统的组成

温度控制系统对生产过程实现自动控制可以分解为四个过程：

（1）生产过程的被控参量（过程信号）通过测量环节转化为相应的电量或电参数，再由变送器或放大器变换成标准的电压信号或电流信号。

（2）电压信号或电流信号经过 A/D 转换后变成计算机可以识别的数字信号，并转换为人们易于理解的工程量（测量值）。

（3）计算机根据测量值与给定值的偏差，按一定的控制算法输出控制信号。

（4）控制信号作用于执行机构，通过调节物料流量或能量的大小来实现对生产过程的调节。

以上四个过程周而复始执行。

任务 1-3　描述计算机测控系统的硬件组成

计算机测控系统的硬件组成如图 1-8 所示。

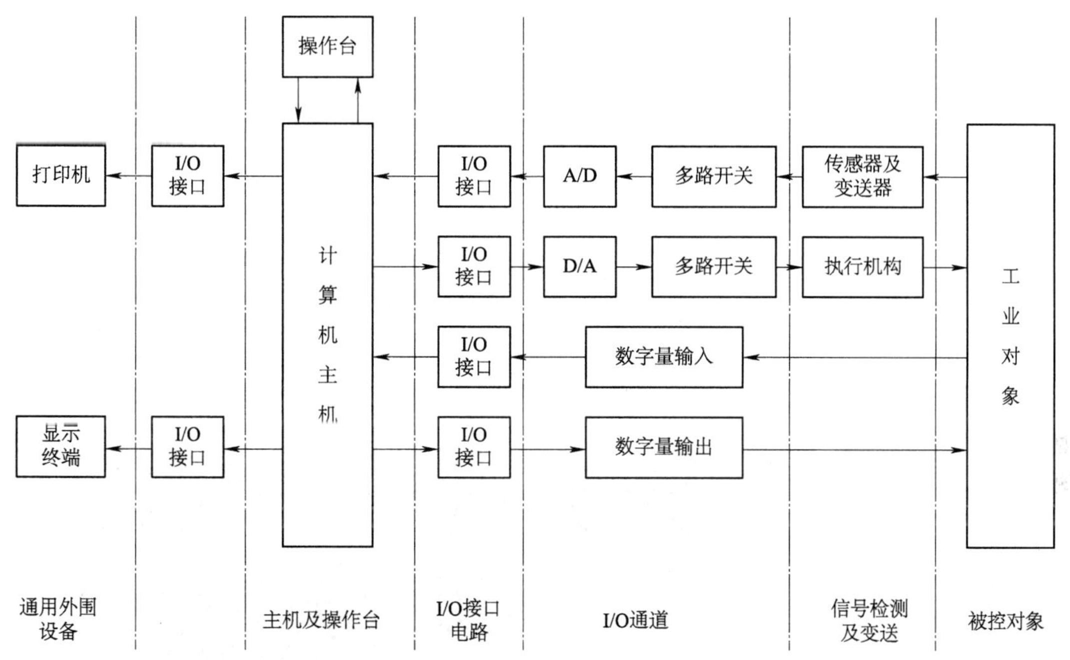

图 1-8　计算机测控系统的硬件组成

（1）由中央处理器、时钟电路、内存储器构成的计算机主机是组成计算机测控系统的核心部分。

（2）外围设备按功能可分输入设备、输出设备和外存储器三类。

（3）过程通道 I/O 通道，又称过程通道。

（4）通过 I/O 接口电路，一般有并行接口、串行接口和管理接口（包括中断管理、直接存取 DMA 管理、计数/定时等）。

思考与习题

1. 简述计算机测控系统的发展。
2. 实时的概念是什么？实时系统有什么特点？计算机测控系统是实时系统吗？
3. 试举例说明系统软件和应用软件。
4. 计算机测控系统的典型结构有哪几类？各自的特点是什么？
5. 计算机测控系统的最新发展趋势是什么？可以从软件和硬件方面分别说明。

计算机测控系统的硬件和软件

项目 2　工控机的组成

学习目标

- 了解工控机的机箱结构和特点。
- 掌握工控机的硬件组成和功能。
- 了解工控机的特点。

2.1　项 目 描 述

以工控机为核心的测量和控制系统，处理来自工业系统的输入信号，再根据控制要求将处理结果输出到执行机构，去控制生产过程，同时对生产进行监督和管理。那么，什么是工控机？它在测控系统中的作用是什么？既然工控机是计算机测控系统的核心，它的组成部件又有哪些？各部分功能是什么？

2.2　相 关 知 识

2.2.1　工控机的机箱结构

（1）工控机就是专门为工业现场而设计的计算机，而工业现场一般具有强烈的振动，灰尘特别多，另有很高的电磁场干扰等特点，且一般工厂均是连续作业，即一年中一般没有中断。因此，工控机采用钢结构（见图 2-1），有较高的防磁、防尘、防冲击的能力。图 2-2 所示为工控机的机械结构。

（2）工控机机箱高度一般分 1U、2U、3U、4U、5U、6U、7U、8U 等，一个 1U 的高度是 44 mm，其他高度依此类推。机箱有卧式与壁挂式之分。

（3）工控机箱的导热：散热结构的合理性是关系到计算机能否稳定工作的重要因素。目前最有效的机箱散热解决方案是利用互动散热通道结构散热：外部低温空气由机箱前部 120 mm 高速滚珠风扇和机箱两侧散热孔进入机箱，经过硬盘架、南北桥芯片、各种板卡、北桥芯片，最后到达中央处理器（CPU）附近，在经过 CPU 散热器后，热空气一部分从机箱后部的两个 80 mm 高速滚珠风扇抽出机箱，另外一部分通过电源风扇排出机箱。

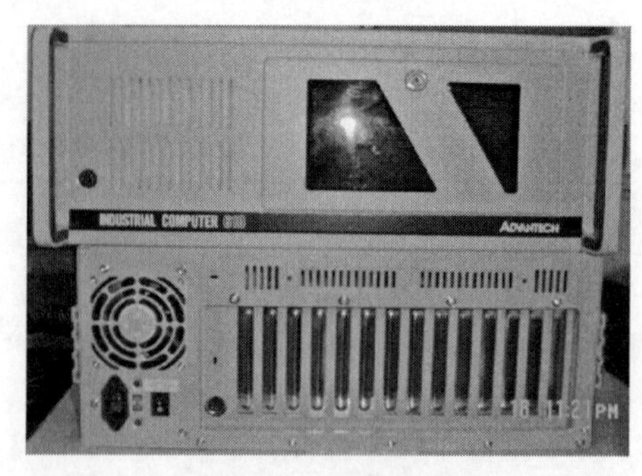

图 2-1　工控机机箱

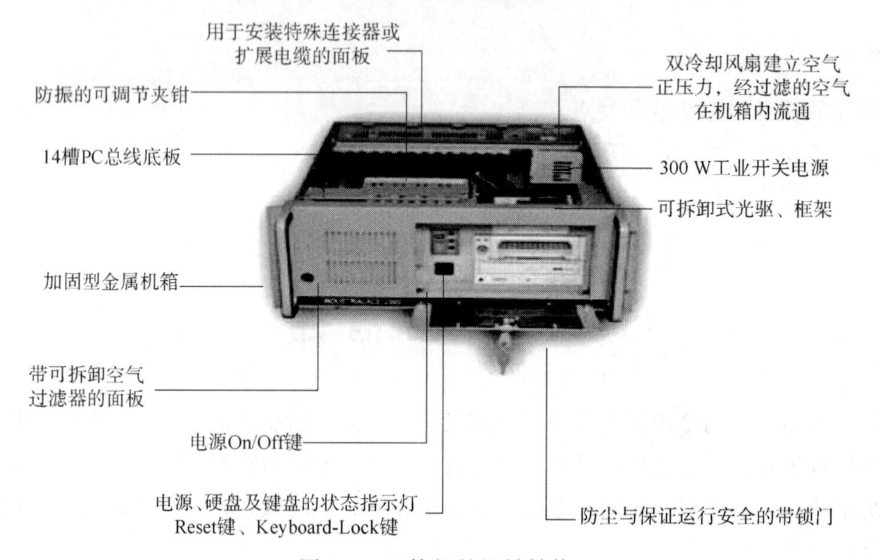

图 2-2　工控机的机械结构

（4）工控机箱的抗振：工控机箱在工作的时候，由于机箱内部的光驱、硬盘、机箱里的多个风扇在高速运转的时候都会产生振动，而振动很容易导致光盘读错和硬盘磁道损坏以至丢失数据，所以机箱的抗振性也是机箱关键的一个结构设计方案。考虑到机箱的抗腐蚀、导电、导热等内部要求，机箱减振系统全部采用金属材料制成，这比起橡胶材料不仅能达到上述要求，还能起到抗老化、耐热等作用。

（5）工控机箱的电磁屏蔽：工控机主机在工作的时候，主板、CPU、内存和各种板卡都会产生大量的电磁辐射；屏蔽良好的机箱可以有效地阻隔外部辐射干扰，保证计算机内部配件不受外部辐射影响。工控机箱为了增加散热效果，必要的部分会开孔，孔的形状必须符合能阻挡辐射的技术要求。机箱上的开孔要尽量小，而且要尽量采用阻隔辐射能力较强的圆孔。要注意各种指示灯和开关接线的电磁屏蔽。比较长的连接线需要设计成绞线，线两端的裸露的焊接金属部分必须用胶套包裹，这样也避免了机箱内用电线路产生的电磁辐射。

2.2.2　工控机的硬件组成

工控机的内部结构图如图 2-3 所示，主要由以下部件组成：

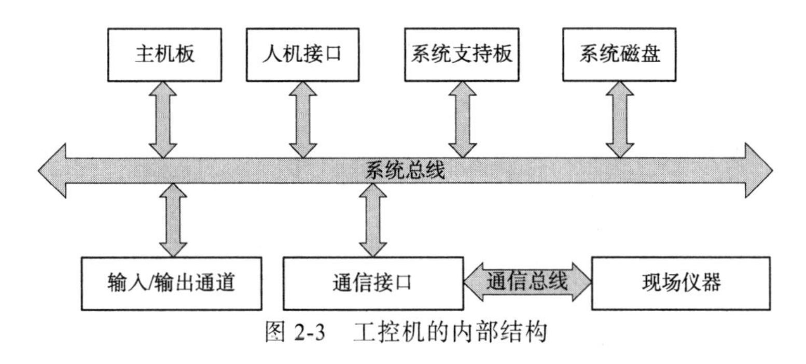

图 2-3　工控机的内部结构

1. 主机板

由 CPU、存储器（RAM、ROM）等部件组成。主机板是工控机的核心。

2. 系统总线

系统总线分为内部总线和外部总线。

（1）内部总线：工控机内部各组成部分进行信息传输的通道，是一组信号线的集合（PC 系列总线、PCI 总线）。

（2）外部总线：是工控机与其他计算机或者智能设备进行信息传送的公共通道（RS-232C、RS-485 等）。

3. 人机接口

人机接口包括显示器、键盘、打印机以及专用操作显示台等。

4. 系统支持板

系统支持板包括监控定时器即“看门狗”（Watchdog）、电源掉电检测、保护重要数据的后备存储器、实时日历时钟。

5. 系统磁盘

可用半导体虚拟磁盘，也可以用通用配置的机械硬盘。

6. 通信接口

通信接口是工控机与其他计算机或者智能设备进行信息传送的接口（RS-232C、RS-485 接口、USB 接口）。

7. 输入/输出（I/O）通道

输入/输出通道是工控机和生产过程之间信号传递和变换的连接通道。 包括模拟量输入（Ai）通道、模拟量输出（Ao）通道、数字量（或开关量）输入（Di）通道、数字量（或开关量）输出（Do）通道。

8. 其他硬件组成

其他硬件包括加固型工业机箱、工业电源、打印机等。

2.2.3　工控机的主要模块

1. 工控机机箱

工控机机箱（见图 2-4）为全钢机箱，一般厚为 0.8 ~ 1.2 mm 是按标准设计的，抗冲击、抗振动、抗电磁干扰，内部可安装同 PC-Bus 兼容的无源底板。

图 2-4　工控机的机箱

尺寸：高度根据 U 来计算，1 U=44 mm。国际标准的长度有 450 mm 与 505 mm 两种，根据客户的具体要求还可以扩分其他长度，如 480 mm、500 mm、520 mm、530 mm、600 mm 等。

2. 电源

早期（在以 Intel 奔腾处理器为主之前）的工控机主要使用 AT 开关电源，与 PC 一样主要采用的是 ATX 电源，如图 2-5 所示。其平均无故障运行时间达到 250 000 h。

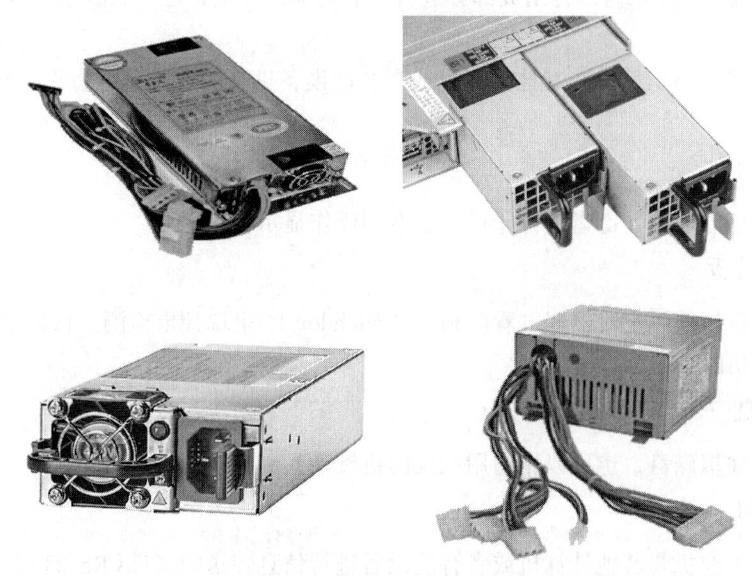

图 2-5　早期工控机电源

3. 无源母板

现在按总线生产的工控机，基本采用无源母板结构，如图 2-6 所示。在母板上只提供了总线通道，一块母板上有 10 ~ 20 个插槽。其中一个用于插主板，另一个用于插显示卡（如果主板上没有显示器接口），其他插槽可以供用户插各种板卡。

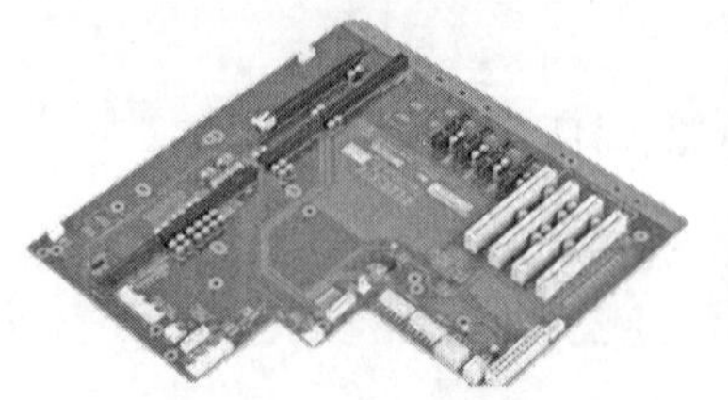
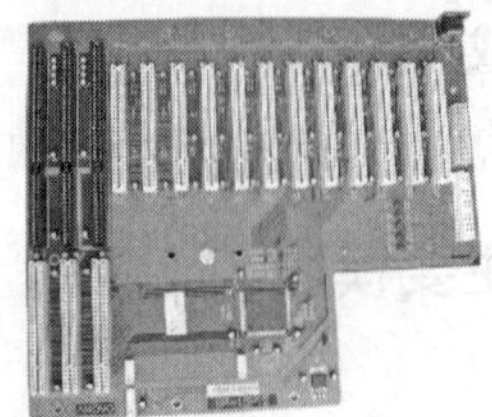

图 2-6　无源母板

4．一体化主板

主板是工控机的核心部件，所采用的元器件满足工业标准。所谓一体化主板，是指在主板上集成了通信接口、外设接口(IDE、FDD、键盘、鼠标)、RAM 插槽，有的还集成了显示器接口（CRT、LCD 等），如图 2-7 所示。工控机主板是专为在高、低温特殊环境中长时间运行而设计的，在运行中不能带电插拔（内存，板卡后面的鼠标、键盘等），以免导致插孔损坏，严重的甚至会使主板损坏。

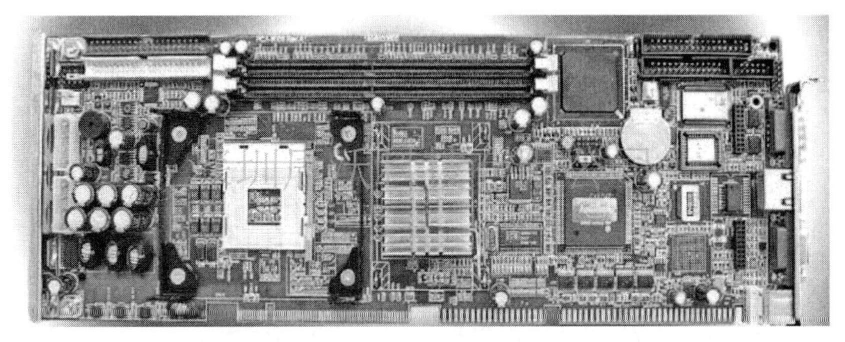

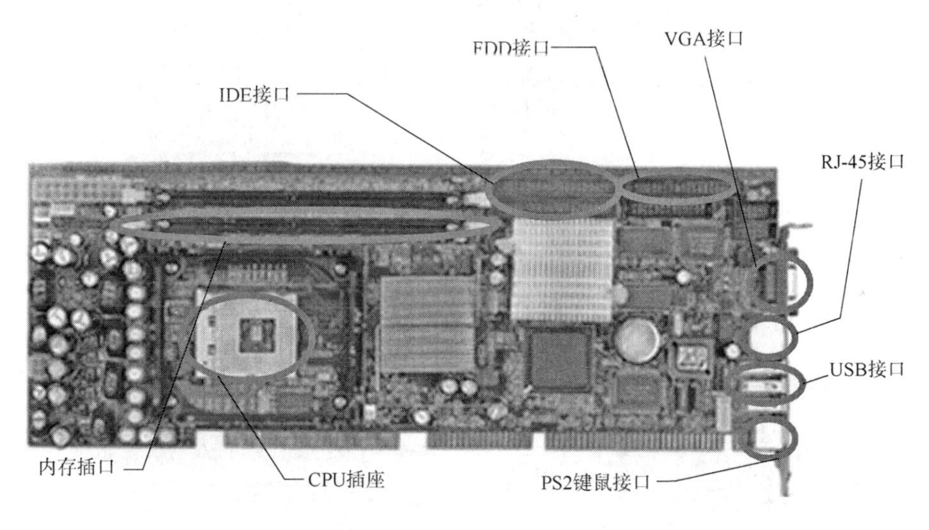

图 2-7　一体化主板

5．串行接口（串口）

串行接口是指采用串行传输方式来传输数据的接口标准。串行是指数据一位一位地顺序传送，其特点是通信线路简单，只要一对传输线就可以实现双向通信。串行接口一般用于接一些特殊的外接设备如通信方面的设备。

6．并行接口（并口）

并行接口是指采用并行传输方式来传输数据的接口标准。数据的各位同时进行传送，其特点是传输速度快，但当传输距离较远位数又多时，会导致通信线路复杂且成本提高。并行接口通常用于连接打印设备。串行接口和并行接口如图 2-8 所示。

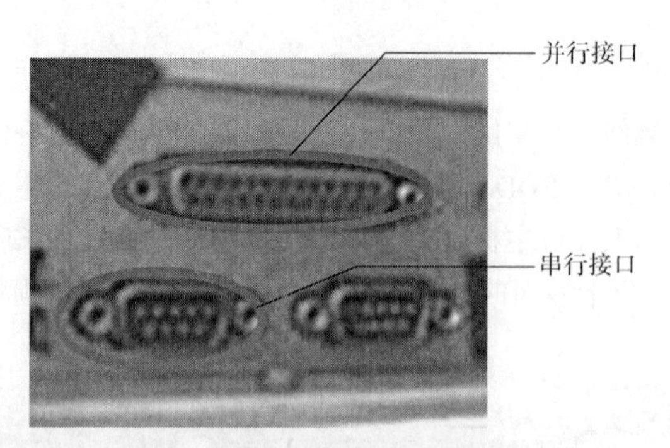

图 2-8　串行接口和并行接口

7. CPU

CPU（见图 2-9）多采用桌面式系统处理器，如早期的有 386、486、586、PⅢ、P4，现主流为酷睿、至强（Xeon）、安腾（Itanium）等处理器，用户可视自己的需要任意选配。

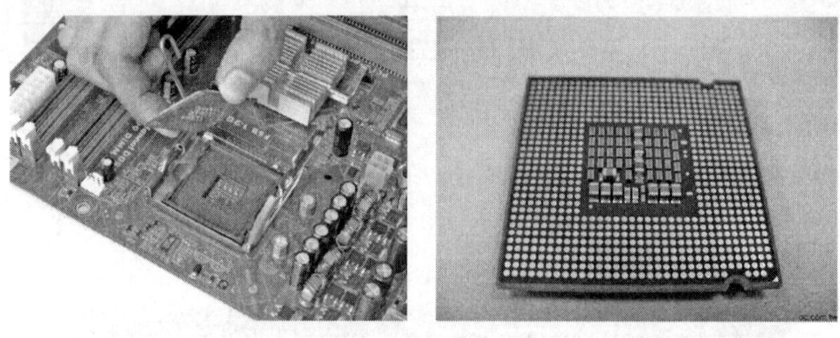

图 2-9　CPU

8. 硬盘

硬盘如图 2-10 所示。硬盘接口包括 IDE、SATA、SCSI、光纤通道、SAS 等。

图 2-10　硬盘

2.2.4　工控机的基本特点

基于 PC 总线的工业计算机，因其价格适中、质量高、产量大、软硬件资源丰富，而被技术人员所认可。其主要由工业机箱、无源底板及可插入其上的各种板卡组成，如 CPU 卡、I/O 卡等。其采取全钢机箱、机卡压条过滤网，双正压风扇等设计及 EMC（Electro Magnetic Compatibility）技术，以解决工业现场的电磁干扰、振动、灰尘、高／低温等问题。

与通用的计算机相比，工控机的主要特点如下：

（1）可靠性高。工控机常用于控制连续的生产过程，在运行期间不允许停机检修，一旦发生故障将会导致质量事故，甚至生产事故。因此，要求工控机具有很高的可靠性、低故障率和短维修时间。

（2）实时性好。工控机必须实时响应控制对象各种参数的变化，才能对生产过程进行实时控制与监测。当过程参数出现偏差或故障时，能实时响应并实时地进行报警和处理。通常工控机配有实时多任务操作系统和中断系统。

（3）环境适应性强。由于工业现场环境恶劣，要求工控机具有很强的环境适应能力，如对温度／湿度变化范围要求高，具有防尘、防腐蚀、防振动冲击的能力，具有较好的电磁兼容性和高抗干扰能力及高共模抑制能力。

（4）丰富的输入/输出模板。工控机与过程仪表相配套，与各种信号打交道，要求具有丰富的多功能输入/输出配套模板，如模拟量、数字量、脉冲量等输入/输出模板。

（5）系统扩充性和开放性好。灵活的系统扩充性有利于工厂自动化水平的提高和控制规模的不断扩大。采用开放性体系结构，便于系统扩充、软件的升级和互换。

（6）控制软件包功能强，具有人机交互方便、画面丰富、实时性好等性能；具有系统组态和系统生成功能；具有实时及历史趋势记录与显示功能；具有实时报警及事故追忆等功能；具有丰富的控制算法。

（7）系统通信功能强，一般要求工控机能构成大型计算机测控系统，具有远程通信功能，为满足实时性要求，工控机的通信网络速度要高，并符合国际标准通信协议。

（8）冗余性。在对可靠性要求很高的场合，要求有双机工作及冗余系统，包括双控制站、双操作站、双网通信、双供电系统、双电源等，具有双机切换功能，具有双机监视软件等，以保证系统长期不间断工作。

2.3　项 目 实 施

任务　识别工控机内部结构

指出图 2-11 中工控机内部的主要结构和功能。

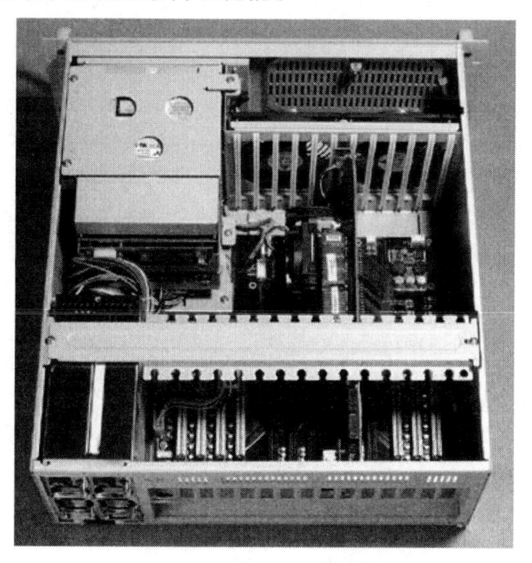

图 2-11　工控机内部结构

思考与习题

1. 工控机的机箱与普通计算机的机箱比起来，在抗振、防磁、防尘上有哪些优势？
2. 通过网络搜索工控机的品牌，简述其各自的特点和优势。
3. 了解目前工控机的 CPU、主板、硬盘等部件的性能。
4. 试说明工控机的基本特点。

项目 3　工控机的总线

学习目标

- 掌握总线的概念。
- 掌握总线的分类和特点。
- 了解工控机总线的类型。

3.1 项目描述

为了简化硬件电路设计和系统结构，常用一组线路，配置以适当的接口电路，与各部件和外围设备连接，这组共用的连接线路称为总线（Bus）。采用总线结构便于部件和设备的扩充，尤其制定了统一的总线标准，容易使不同设备间实现互连。

总线是一种内部结构，它是 CPU、内存、输入设备、输出设备传递信息的公用通道，主机的各个部件通过总线相连接，外围设备通过相应的接口电路再与总线相连接，从而形成了计算机硬件系统。

3.2 相关知识

3.2.1 总线的概念和分类

1. 总线的概念

总线就是模块与模块之间或设备与设备之间的一组进行互连和传输信息的信号线。总线是计算机系统各部件之间传输地址、数据和控制信息的通道。

2. 总线的分类

通常根据传送信号的不同将总线分为地址总线（Address Bus）、数据总线（Data Bus）和控制总线（Control Bus）三类。

（1）地址总线：地址总线传送的是内存（或 I/O 接口）的地址信号，单向传送。它的线数与系统采用的 CPU 的地址线宽度一致,它决定了 CPU 直接寻址的内存容量。例如，ISA 为 24 位，可寻址 16 MB；PCI 为 32/64 位，可寻址 4 GB/2^{24} TB。

（2）数据总线：数据总线传送的是数据信号,可双向传送，结构是双向三态；系统总线的宽度是指其数据线的位数；其宽度决定了其数据传输能力。例如，ISA 总线为 16 位，PCI 总线为 32/64 位。

（3）控制总线：控制总线传送的是 CPU 和其他控制芯片发出的各种控制信号、时序信号和状态信号。例如，读/写周期（W/R）、指令/代码传送（D/C）、存储器或 I/O 口访问（M/IO）和系统复位（Reset）等。三态、入/出/双向等特性均不相同。

系统中的各个局部电路均需通过总线互相连接，实现全系统电路的互连。在主板上，系统 I/O 总线还连接到一些特定的插槽上去对外开放，以便于外部的各种扩展电路板连入系统。这些插座称为系统 I/O 总线扩展插槽（System Input/Output Bus Expanded Slot）。

外部总线也称通信总线，它是计算机与计算机之间的数据通信的连线，如网络线、电话线等。外部总线通常是借用其他电子工业已有的标准，如 RS-232C 标准等。

3.2.2 工控机的总线分类

1. PC 总线

PC 总线主要包括 XT 总线、ISA 总线、EISA 总线、PCI 总线、CompactPCI 总线、PC/104 总线等。

（1）XT 总线：采用 Intel 8088 处理器的体系结构，为 8 位扩展总线，工作频率为 4.77 MHz，最大传输速率为 2.39 Mbit/s。

（2）ISA 总线：ISA（Industry Standard Architecture）总线是 IBM 公司于 1984 年为推出 PC/AT 机而建立的系统总线标准，它是对 XT 总线的扩展，也称 PC 总线。它是在 XT 总线的基础上扩充设计的 16 位工业标准结构总线,其寻址空间最大为 16 MB,操作速度为 8 MHz,数据传输速率为 16 Mbit/s。

16 位 ISA 总线是在 8 位 ISA 总线插槽的延伸方向上增加了一个双排共 36 触点的插槽，新增的插槽引脚把 8 位数据和 20 位地址扩展成 16 位数据线和 24 位地址线，因此，16 位 ISA 插槽同 8 位 ISA 插槽保持了互换性，即 16 位 ISA 槽也可以使用 8 位 ISA 卡。

ISA 总线插槽有一长一短两个插口，长插口有 62 个引脚，以 A31 ~ A1 和 B31 ~ B1 表示，分别列于插槽的两面；短插口有 36 个引脚，以 C18 ~ C1 和 D18 ~ D1 表示，也分别列于插槽的两面。ISA 总线插槽如图 3-1 所示。

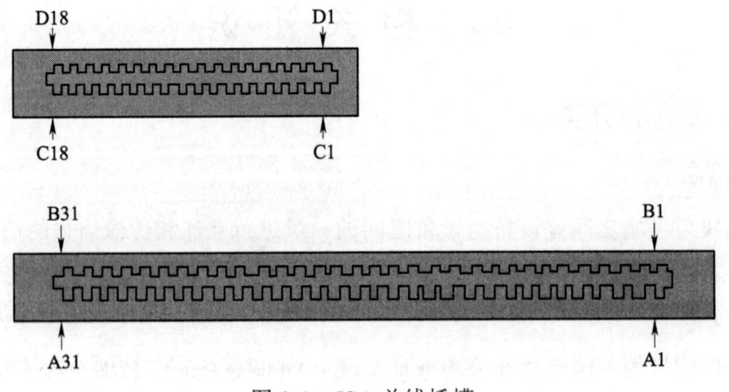

图 3-1 ISA 总线插槽

（3）EISA (Extended Industry Standard Architecture，扩展工业标准结构）总线是 32 位总线，如图 3-2 所示。它支持总线主控，其数据传输速率达 32 Mbit/s。它吸收了 IBM 微通道总线的精华，并且兼容 ISA 总线。但现今已被淘汰。

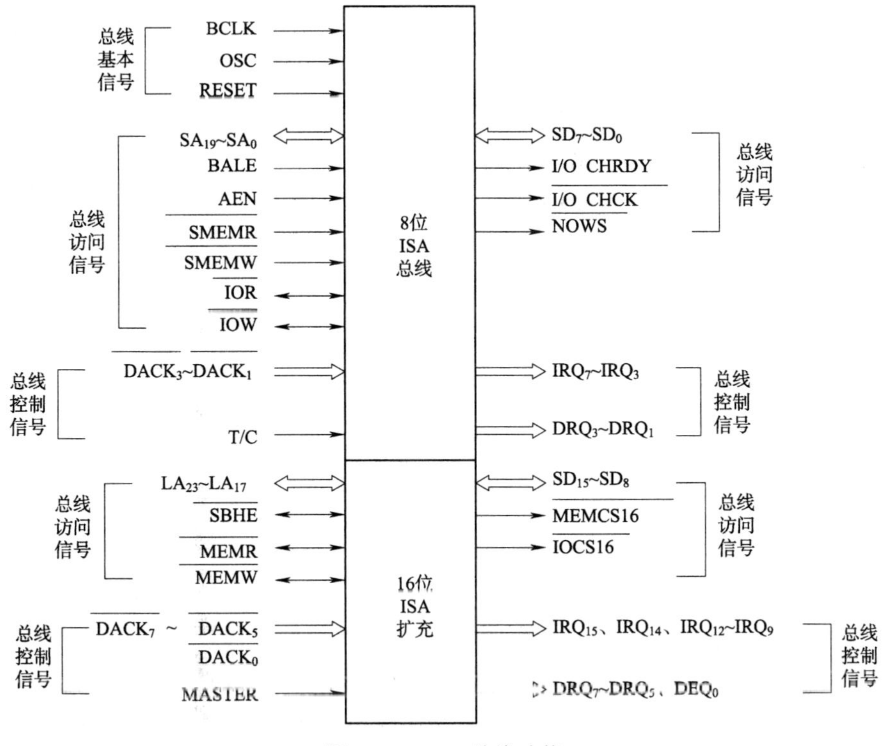

图 3-2　EISA 总线功能

（4）PCI (Peripheral Component Interconnect)总线是 Intel 公司于 1992 年推出的总线结构，目前已经成为商用计算机的总线标准，如图 3-3 所示。它支持并发 CPU 和总线主控部件操作，支持 64 位奔腾处理器。

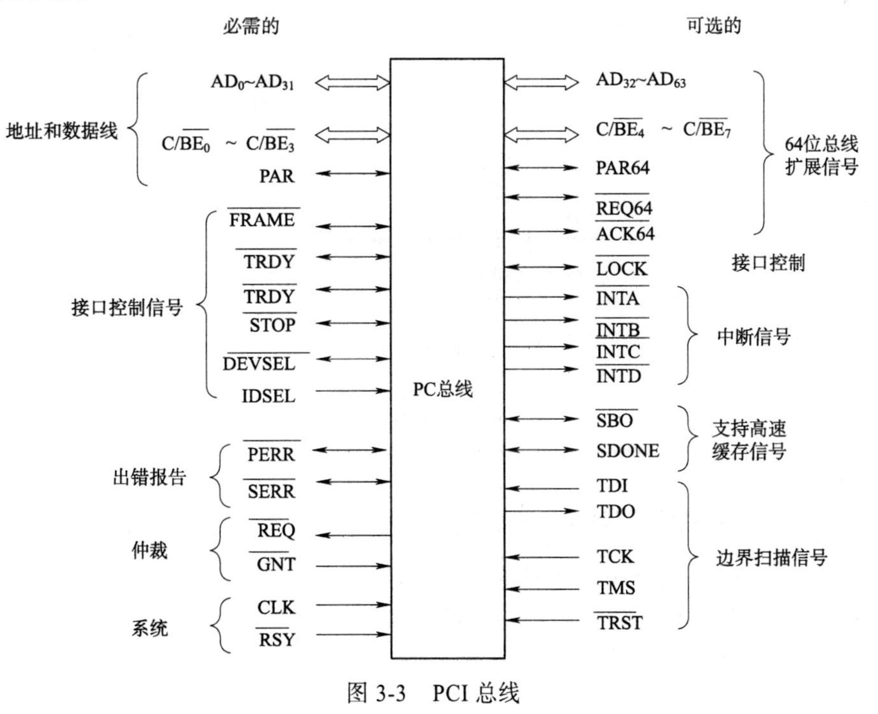

图 3-3　PCI 总线

PCI 总线具有许多优点，如即插即用(Plug and Play)、中断共享等。从数据宽度上看，PCI 总线有 32 bit、64 bit 之分；从总线速度上分，有 33 MHz、66 MHz 两种。目前流行的是 32 bit @ 33 MHz，而 64 bit 系统正在普及中。改良的 PCI 系统 PCI-X 最高可以达到 64 bit @ 133 MHz。PCI 和 ISA 总线的主要区别见表 3-1。

表 3-1 ISA 和 PCI 总线的主要区别

比较项目	ISA	PCI 总线
信号线总数	62+36	124/188
总线宽度(数据线)	16 位	32 位/64 位
地址线	24	32
最大传输速率	16 Mbit/s	133 Mbit/s 或 266 Mbit/s
总线时钟频率	8 MHz	33 MHz

不同于 ISA 总线，PCI 总线的地址总线与数据总线是分时复用的。这样做一方面可以节省接插件的管脚数；另一方面便于实现突发数据传输。在进行数据传输时，由一个 PCI 设备作为发起者（主控，Initiator 或 Master），而另一个 PCI 设备作为目标（从设备，Target 或 Slave）。总线上的所有时序的产生与控制都由 Master 来发起。PCI 总线在同一时刻只能供一对设备完成传输，这就要求有一个仲裁机构（Arbiter），来决定在谁有权力拿到总线的主控权。PCI 总线引脚如图 3-4 所示。PC 总线实物如图 3-5 所示。

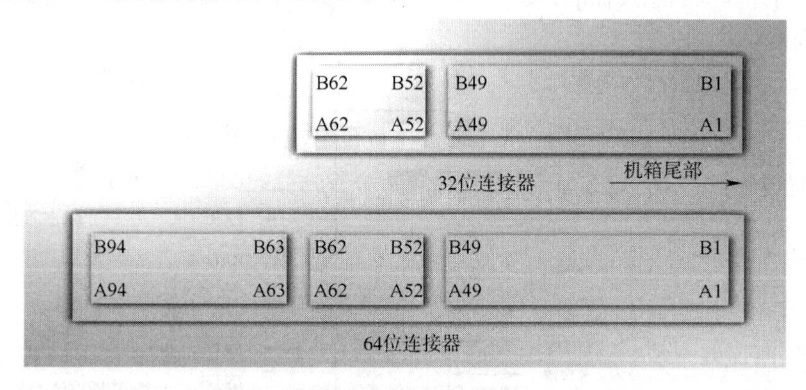

图 3-4 PCI 总线引脚

（5）CompactPCI 是一种基于标准 PCI 总线的小巧而坚固的高性能总线技术。该技术由 PICMG 于 1994 年提出，它定义了更加坚固耐用的 PCI 版本。在电气、逻辑和软件方面，它与 PCI 标准完全兼容。

CompactPCI 总线工控机是为高可靠性应用而设计的，其具有低价位、高可靠、热插拔、热切换、多处理器能力等特点，适用于工业现场和信息产业基础设备，被认为是继 STD 和 IPC 之后的第三代工控机的技术标准。

（6）PC/104 总线是工业界公认的嵌入式 PC 标准。应在 AT 总线的基础上对电气特性、机械特性等方面进行了改进(缩小模板体积、降低功耗)，以满足嵌入式计算机应用系统的需要。它共有 104 条信号线，模块的标准尺寸为 90 mm × 96 mm。PC/104 总线具有独特的自栈式总线结构，无底板，因而应用于嵌入式设备场合。

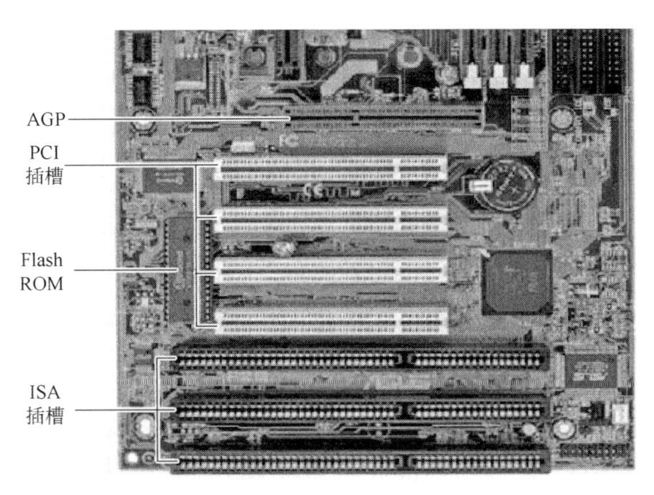

图 3-5　PC 总线实物

2. STD 总线

STD 总线是由美国 Pro-Log 公司和 Mostek 公司作为工业标准而制定的 8 位工业 I/O 总线，随后发展成 16 位总线，其主要技术特点是“分时复用技术”。

STD 总线工控机是机笼式安装结构，具有标准化、开放式、模块化、组合化、尺寸小、成本低、PC 兼容等特点，并且设计、开发、调试简单。STD 总线工控机已经升级到 486DX，可以满足大多数应用要求。

3. VME 总线

VME（Versa Module Eurocard）总线是一种通用的计算机总线，由 Mostek、Motorola、Philip 和 Signetics 公司联合发明，在图像处理、工业控制、实时处理和军事通信中得到了广泛应用。

1987 年，VME 总线被批准为国际标准 IEEE 1014-1987。其数据宽度为 32 位，最大总线速率是 40 MB/s。1996 年的标准 VME64（ANSI/VITA1-1994）将总线数据宽度提升到 64 位，最大数据传输速率为 80 MB/s。由 FORCE COMPUTERS 制定的 VME64x 总线规范将总线速率提高到了 320 MB/s。VME 总线工控机 VME 总线工控机是实时控制平台，也是许多嵌入式工业应用的首选机型。

3.3 项目实施

任务　识别各种总线接口

选择一款研华工控机母板，展示母板图片，并指出该母板上的总线接口。

思考与习题

1. 简述总线的概念、类型及其特点。
2. 比较工控机总线中 PCI 总线和 ISA 总线的特点。
3. 简述 PCI 总线的主要特征。
4. 查找文献，了解 PC 总线的发展过程，了解最新的总线形式。
5. 通过网络查询，了解除 PC_Base 总线类型外还有哪些总线类型。

项目 4　I/O 接口和过程通道

学习目标

- 了解 I/O 接口和 I/O 设备。
- 掌握 I/O 接口能够解决的问题。
- 掌握过程通道的概念。
- 掌握过程通道的分类和特点。

4.1　项目描述

接口是把由处理器、存储器等组成的基本系统与外围设备连接起来，从而实现计算机与外围设备通信的一种技术。处理器通过总线与接口电路连接，接口电路再与外围设备连接，因此 CPU 总是通过接口与外围设备发生联系。

微机的应用是随着外围设备的不断更新和接口技术的发展而深入到各个领域的，因此，接口技术是组成实用微机系统的关键技术，任何微机应用开发工作都离不开接口的设计、选用和连接。

实际上，一个微机应用系统的研制和设计，主要就是微机接口的研制和设计，需要设计的硬件是一些接口电路，所要编写的软件是控制这些电路按要求工作的驱动程序。因此，微机接口技术是一种用软件和硬件综合来完成某一特定任务的技术，掌握微机接口技术已成为当代科技和工程技术人员应用微机必不可少的基本技能。

4.2　相关知识

4.2.1　I/O 接口

1. 接口概述

接口可以抽象地定义为一个部件（Unit）或一台设备（Device）与周围环境的理想分界面。这个假设的分界面切断该部件或设备与周围环境的一切联系，当一个组件或设备与外界环境进行任何信息交换和传输时，必须通过这个假想的分界面，这个分界面称为接口（Interface）。

为了将计算机应用于数据采集、参数检测和实时控制等领域，必须向计算机输入反映测控对象的状态和变化的信息，经过 CPU 处理后，再向控制对象输出控制信息。

这些输入信息和输出信息的表现形式是千差万别的，可能是开关量或数字量，更可能是各种不同性质的模拟量，如温度、湿度、压力、流量、长度、刚度和浓度等，因此需要把各种传感器和执行机构与微处理器或微机连接起来。

所有这些设备统称为外围设备或输入/输出设备（I/O 设备）。

由于计算机的外围设备品种繁多，几乎都采用了机电传动设备，因此，CPU 在与 I/O 设备进行数据交换时存在以下问题：

（1）速度不匹配。I/O 设备的工作速度一般要比 CPU 慢许多，而且由于种类不同，它们之间的速度差异也很大，如硬盘的传输速度就要比打印机快很多。

（2）时序不匹配。各 I/O 设备都有自己的定时控制电路，以自己的速度传输数据，无法与 CPU 的时序取得统一。

（3）信息格式不匹配。不同的 I/O 设备存储和处理信息的格式不同，如可以分为串行和并行两种，也可以分为二进制格式、ASCII 编码和 BCD 编码等。

（4）信息类型不匹配。不同 I/O 设备采用的信号类型不同，有些是数字信号，有些是模拟信号，因此所采用的处理方式不同。

基于以上原因，I/O 接口具有电平变换、数据转换、缓冲等功能。它的作用主要就是为了解决计算机与外围设备连接时存在的各种矛盾。I/O 设备一般不和微机内部直接相连，而是必须通过 I/O 接口与微机内部进行信息交换。

2. 接口技术

计算机系统运行时，外围设备与 CPU 之间的信息交换是十分频繁的。CPU 与外围设备所交换的信息有数据信息、控制信息和状态信息，为了 CPU 对外围设备寻址，还需要有地址信息。为了保证信息的正确传送，I/O 接口设有三种端口，即数据端口、状态端口和控制端口，负责对应信息的传送。接口技术就是研究 CPU 与外围设备之间如何交换信息的技术。

3. I/O 信号的种类

外围设备与 CPU 之间交换的信息按功能通常分为三类信息，数据信息、状态信息、控制信息。

（1）数据信息有如下三种类型。

① 数字量。数字量是指时间上、幅值上离散的信号，一般是以二进制形式表示的数或以 ASCII 码表示的数或字符，如由键盘、拨码开关等输入的信息，主机送给显示器、打印机的输出信息等。

② 模拟量。模拟量是指时间上、幅值上连续变化的物理量，如生产现场的压力、温度、液位、速度、重量、位移等。

③ 开关量。只有开关两种状态，通常用一位二进制数来表示，如开关的闭合和断开、电动机的启动和停止、阀门的打开和关闭等。

（2）状态信息也称握手信息或应答信息，它反映了与 CPU 连接的外围设备的当前工作状态，是外围设备通过接口发往 CPU 的信息，作为两者交换信息的联络信号。例如，状态信息中的“就绪”信号表示等待的数据是否准备就绪，外围设备“忙”信号表示输出设备是否处于空闲状态等。信号输入时，CPU 读取“就绪”状态信息，若准备就绪则读入数据。

（3）控制信息是 CPU 通过接口传送给外围设备的信息，如外围设备的选通、控制外围设备启动、停止，控制数据流向，控制输入/输出等。

I/O 对外连接分为两大部分。一部分是与外围设备相连的，如图 4-1 所示。为保证信息的正确传送，I/O 接口往往开辟不同的端口来传送数据信息、状态信息和控制信息。另一部分是与系统总线相连的。CPU 通过系统总线与 I/O 接口相连。

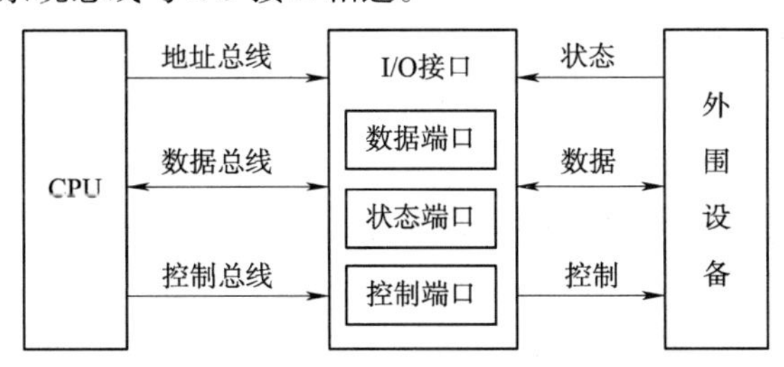

图 4-1　外围设备通过接口与 CPU 连接

在计算机系统中，可采用的 I/O 控制方式一般有程序控制方式、中断控制方式和直接存储器存取方式（DMA 方式）。

4.2.2　过程通道

1. 过程通道概述

采用计算机实现生产过程控制，需要采集生产过程中的各种必要信息（参数），并转换成计算机所要求的数据形式，送入计算机。计算机对采集到的数据进行分析处理后，形成所需要的控制信息，以生产过程能接收的信号形式输出，以便实现控制、显示、打印等各种功能。

输入/输出通道（过程通道或 I/O 通道）就是在计算机和生产过程之间进行信息传送和变换的连接通道。它包括模拟量输入通道、模拟量输出通道、数字量输入通道、数字量输出通道。

在计算机测控系统中，工业控制机必须经过过程通道和生产过程相连，而过程通道中又包含有输入/输出接口，因此输入/输出接口和过程通道是计算机测控系统的重要组成部分。

2. 模拟量输入通道

输入通道是指从被控对象到微机的信号传输和变换的通道。在计算机测控系统中，被控对象的参数和状态量需要经过输入通道转换成计算机所能接收的数字信号。根据输入信号的类型，输入通道又分为模拟量输入通道和数字量输入通道。

模拟量输入通道根据应用要求不同，可以有不同的结构形式。一般由传感器及检测装置、信号调理电路、多路转换开关、采样保持器、A/D 转换器、接口电路等组成，如图 4-2 所示。

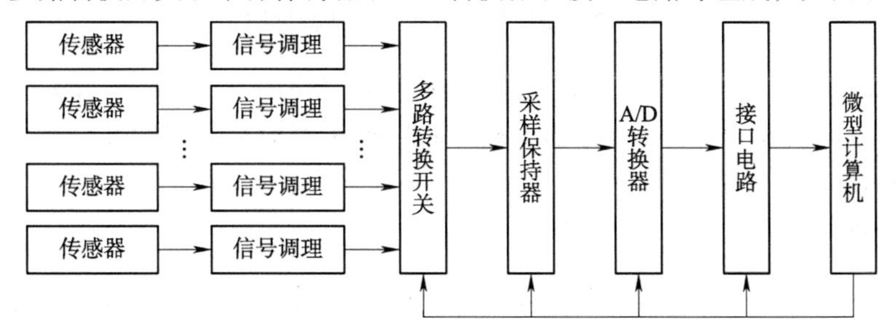

图 4-2　模拟量输入通道结构框图

（1）信号调理电路就是对现场采集到的信号进行处理，使其满足 A/D 转换要求。信号调理部分依据检测信号及受干扰情况的不同而不同，通常包含放大、I/V 转换、滤波、线性化、隔离等。

测量放大器又称仪表放大器，常用在应变片传感器、热电偶温度传感器等微弱信号的输出放大中。这类放大器一般由三个运算放大器组成。

I/V 转换电路即电流/电压转换电路是将电流信号成比例地转换成电压。为了提高系统的抗干扰能力，通常情况下，变送器输出的是标准电流信号，因此，需要经过 I/V 转换，变成电压信号后才能进行 A/D 转换进而被计算机处理。

（2）多路转换开关又称多路转换器，是用来进行模拟电压信号切换的关键元件。利用多路转换开关可将各个输入信号依次地或随机地连接到公用放大器或 A/D 转换器上。为了提高过程参数的测量精度，对多路转换开关提出了较高的要求。理想的多路转换开关开路电阻为无穷大，接通电阻为零。此外，还希望其切换速度快，噪声小、寿命长、工作可靠。

（3）采样保持器：在对模拟信号进行 A/D 变换时，从启动变换到变换结束的数字量输出，需要一定的时间，即 A/D 转换器的孔径时间。当输入信号频率提高时，由于孔径时间的存在，会造成较大的转换误差。要防止这种误差的产生，必须在 A/D 转换开始前能跟踪输入信号的变化，即对输入信号处于采样状态；在 A/D 转换开始时将信号电平保持住，这种功能的器件称为采样/保持器（Sample/Holder，S/H）。

3．模拟量输出通道

在计算机测控系统中，被采样的过程参数经运算处理后输出控制量，但计算机输出的是数字信号，必须转换为模拟信号才能驱动执行元件工作。众所周知，计算机输出的控制量仅在程序执行瞬时有效，无法被利用，因此，如何把瞬时输出的数字信号保持，并转换为能推动执行元件工作的模拟信号，以便可靠地完成对过程的控制作用，就是模拟量输出通道的任务。

模拟量输出通道的作用就是将计算机输出的数字量转换为执行机构能接收的模拟电压或模拟电流，去驱动相应的执行机构，以达到用计算机实现控制的目的。

模拟量输出通道一般应包括接口电路、D/A 转换器、多路开关、保持电路、V/I 变换器等，如图 4-3 所示。

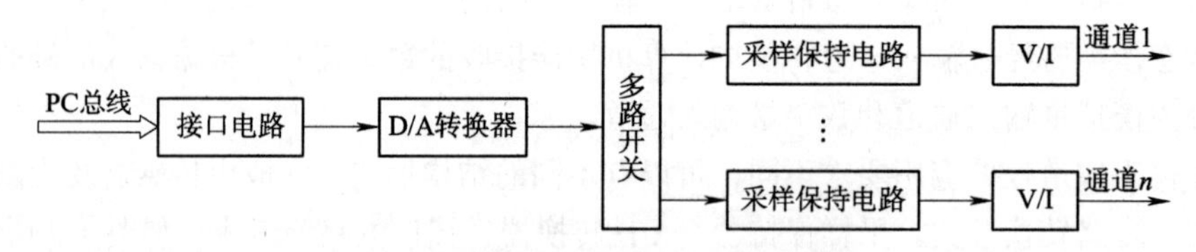

图 4-3 模拟量输出通道的结构框图

模拟量输出通道是将控制计算机的信号输出到被控对象的环节，主要由 D/A 转换器及保持器组成，其结构形式有两种：一种是多个 D/A 转换器的模拟量输出，如图 4-4 所示；另一种是共用一个 D/A 转换器的模拟量输出结构形式，如图 4-5 所示。

4．开关量输入通道

开关量输入通道的任务主要是将现场输入的开关信号经转换、保护、滤波、隔离等措施转换成计算机能够接收的逻辑信号。

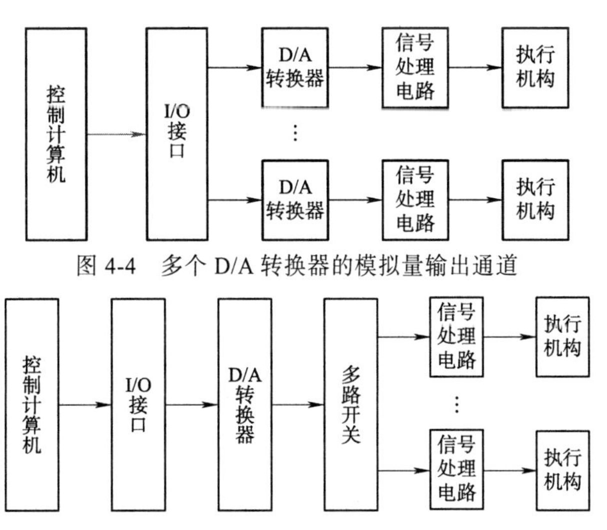

图 4-4　多个 D/A 转换器的模拟量输出通道

图 4-5　一个 D/A 转换器的模拟量输出通道

开关量输入通道在控制系统中主要起以下作用：

（1）定时记录生产过程中某些设备的状态，如电动机是否在运转、阀门是否开启等。

（2）对生产过程中某些设备的状态进行检查，以便发现问题并进行处理。若有异常，及时向主机发出中断请求信号，申请故障处理，保证生产过程的正常运转。

开关量输入通道主要由输入接口电路、接口地址译码器以及相关的输入电路组成，如图 4-6 所示。

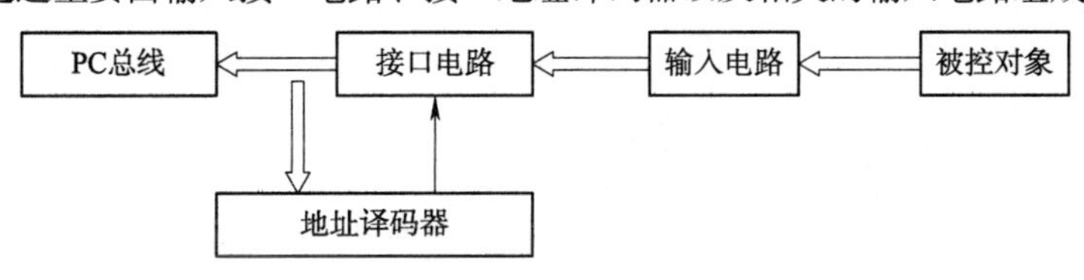

图 4-6　开关量输入通道

5. 抗干扰措施

在工程设计中，对数字信号的输入信号的 I/O 可采取以下抗干扰措施：

（1）数字信号负逻辑传输，如图 4-7 和图 4-8 所示。

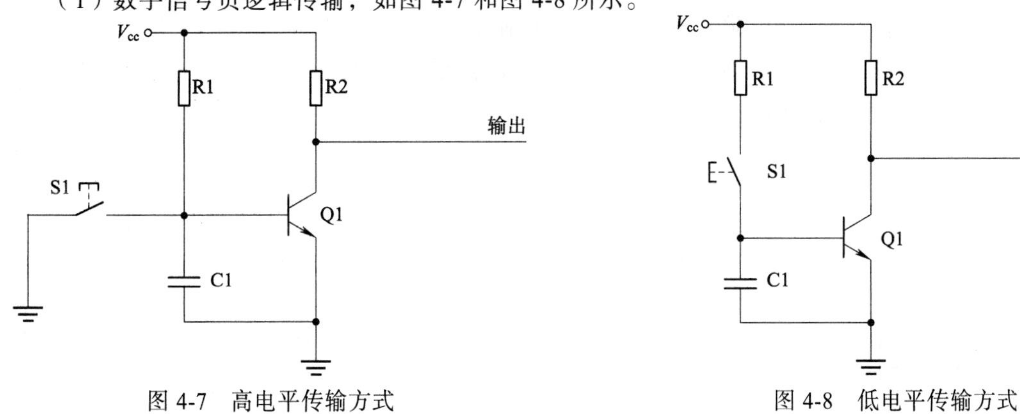

图 4-7　高电平传输方式　　图 4-8　低电平传输方式

（2）提高数字信号的电压等级。

一般输入信号的动作电平为 TTL 电平，电压较低，容易受到外界干扰，触点的接触不可靠，导致输入失灵，图 4-9 实现了提高输入信号的等级。

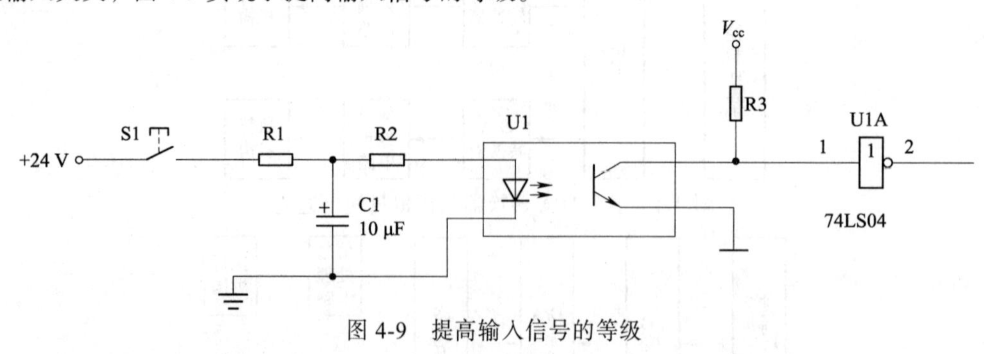

图 4-9 提高输入信号的等级

6. 开关量输出通道

对于只有两种工作状态的执行机构或器件，用计算机测控系统输出开关量来控制它们，如控制电机的启动和停止、信号指示灯的亮和灭、电磁阀的打开与关闭、继电器的接通与断开、步进电机的运行等。

开关量输出通道的任务就是把计算机输出的开关信号传送给这些执行机构或器件。

开关量输出通道主要由输出锁存器、接口地址译码器以及相应的输出驱动电路组成，如图 4-10 所示。

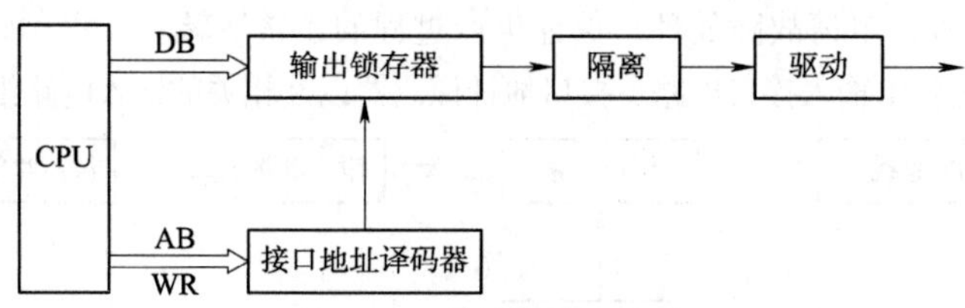

图 4-10 开关量输出通道

7. 光电耦合隔离技术

在开关量控制中，最常用的器件是光电耦合隔离器（简称“光电耦合器”或“光耦”），如图 4-11 所示。光电耦合器以光电转换原理传输信息，它把一个发光二极管和一个光敏晶体管封装在一个管壳内，发光二极管加上正向输入电压信号（>1.1 V）就会发光，光信号作用在光敏晶体管基极产生基极光电流使晶体管导通，输出电信号。它不仅使信息发出端与信息接收输出端是电绝缘的，从而对地电位差干扰有很强的抑制能力，而且有很强的抑制电磁干扰的能力，且速度高、价格低、接口简单，因而得到广泛应用。

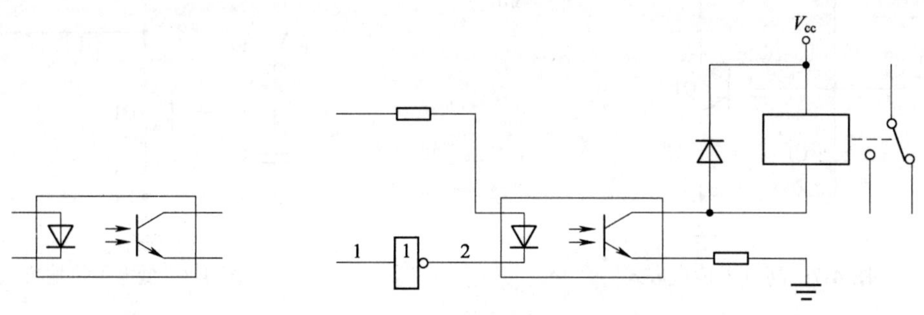

图 4-11 光耦和光耦隔离驱动电路

4.3 项目实施

任务 4-1　识别过程通道

图 4-12 所示为电机控制系统示意图，试说明图中的过程通道类型及各部分功能。

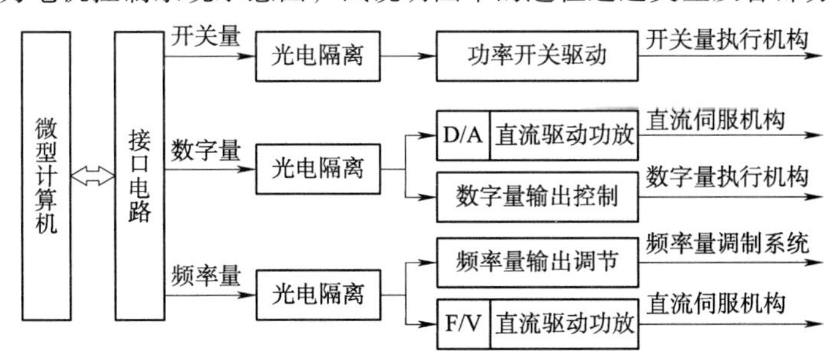

图 4-12　电机控制系统示意图

任务 4-2　识别模拟量输入通道

指出图 4-13 所示多路模拟输入通道各组成部分的主要功能。

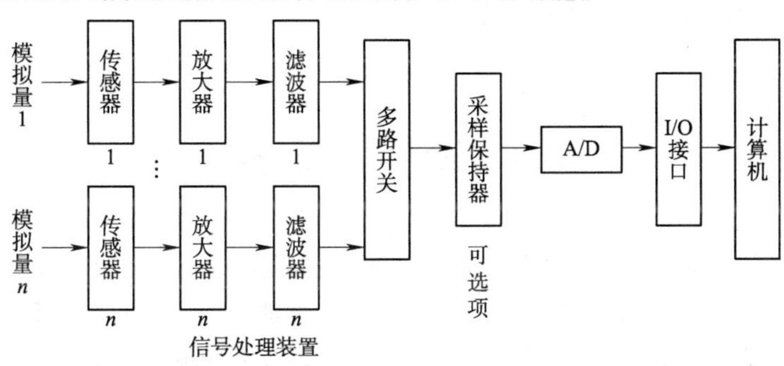

图 4-13　多路模拟输入通道

思考与习题

1. 为什么计算机应用系统一定要配置接口？
2. 接口的基本功能什么？
3. 试举例说明 I/O 设备及主要功能。
4. 什么是过程通道？过程通道是怎样进行分类的？
5. 简述模拟量输入通道的主要组成部件和功能。
6. 简述开关量输出通道的主要组成部件和功能。
7. 查阅文献，了解计算机测控系统中过程通道常用测控电路，如 A/D 转换器、D/A 转换器、多路选择开关、译码器、地址锁存器、采样保持器等的结构和工作原理。

项目 5　计算机测控系统的软件

学习目标

- 掌握测控系统软件的主要特征。
- 熟悉测控系统软件开发工具。
- 熟练使用 Visual Studio 集成开发环境，能编译、调试、运行 C#程序。
- 掌握 C#语言的基本规范，了解 C#程序的常用控件，能读懂和修改 C#程序。
- 了解目前工业测控系统软件相关技术。

5.1　项 目 描 述

计算机测控系统的软件程序不仅决定其硬件功能的发挥，而且决定了控制系统的控制品质和操作管理水平。计算机只有在配备所需的各种软件后，才能构成完整的控制系统。在计算机测控系统中，许多功能都是通过软件来实现的，即在基本不改变系统硬件的情况下，只需要修改计算机中的应用程序便可实现不同的控制功能。

用于开发计算机测控系统应用软件的语言众多，如面向机器的汇编语言、面向过程的 C 语言、面向对象的 Visual C++、Visual C#、Visual Basic 等，无论采用哪种语言，目的都是实现测控系统根据软件预先设定的功能正常、可靠地运行。

5.2　相 关 知 识

5.2.1　计算机测控系统的软件概述

1．测控系统软件的主要特性

（1）开放性。开放性是计算机测控系统和工程设计系统中一个至关重要的指标。开放性有助于各种系统的互连、兼容，有利于测控系统的设计、建立和实现。为了使系统具有良好的开放性，必须选择开放式的体系结构、工业软件和软件环境。

（2）实时性。实时性是工业生产过程的主要特性之一。测控系统要求软件应具有较强的实时性。

（3）多任务性。现代测控软件所面临的应用对象是较复杂的多任务系统，有效地控制和管理测控系统是工控软件主要的研究内容之一。

（4）功能多样性。测控软件具有很强的数据采集与控制功能，不仅支持各种传统的模拟量、数字量的输入和输出，而且支持各类现场总线协议的智能传感器和仪表以及各种虚拟仪器，能够完成实时数据库更新、历史数据库查看、参数分析处理、数据挖掘、测控过程仿真、配方设计、系统运行优化和故障诊断等内容。

（5）智能化。测控软件智能化既为测控软件提供了智能决策，又为管理软件提供了有价值的数据。智能化是计算机工业的发展趋势。

（6）人机界面更加友好化。人机界面包括设计和应用两个方面，有丰富的画面和报表形式，操作指导信息丰富。友好的人机界面便于操作使用。

（7）网络化和集成化。测控软件系统建立在实时数据库和关系数据库之上，其基本内容是分布式数据库系统，网络技术的引入增强系统的可靠性，实现系统管控一体化。测控系统软件一般包括系统软件和应用软件。系统软件通常用厂商提供的，而应用软件通常要用户自行开发设计。

2．测控系统应用程序的特点

（1）实时性要求。实时性是计算机测控系统的主要特性之一。对于复杂的测控任务，测控系统应用软件设计必须考虑程序的执行时间。特别要注意采样周期、控制周期与中断周期在实时性方面能否满足系统设计要求。

（2）可靠性和抗干扰要求。工业现场的环境一般比较复杂，干扰源比较多，对于测控系统可靠性，除了在系统硬件设计过程中要考虑外，在软件设计时也要考虑。

（3）与硬件配置关联密切。计算机测控系统应用软件是针对某一具体测控问题而设计的，测控对象各不相同，选用的硬件配置也不一样，相应的软件设计也应与之不同。计算机测控系统过程通道的端口操作频繁，软件设计时必须保证 I/O 端口工作的实时性和可靠性。

3．应用程序设计的步骤与方法

（1）应用程序设计步骤。计算机测控系统的应用程序设计通常分为问题定义、程序设计、程序编写、程序调试、系统维护和再设计等步骤。应用程序设计的流程图，描述了应用软件设计的基本任务和设计过程。在进行测控系统控制软件设计时，应该注意以下几个方面的问题：

① 尽量用符号表示地址、I/O 设备、常数或数字参数，这样使程序的可读性增强，也给程序的修改和扩充带来方便。

② 避免使用容易混淆的字符，尤其是和助记符相近的字符尽量避免使用。

③ 程序模块不宜过大，以便于系统调试。尽量做到每一个功能对应一个功能模块，在系统调试时可分模块调试软件和硬件。

④ 程序模块尽量通用，这样程序的可移植性强。

⑤ 重视程序的易读性，尽量多加注释语句，这样的程序易读性好、可维护性强，同时给后续程序编制带来方便。

（2）应用程序设计方法。

① 模块化程序设计方法。模块化程序设计的出发点是把一个复杂的程序分解为若干个功能

模块，每个模块执行单一的功能，并且具有单入口、单出口结构，在进行独立设计、编程、查错和调试之后，最终装配在一起，连接成完整的大程序。

② 结构化程序设计方法。结构化程序设计采用自顶向下、逐步求精的设计方法和单入口、单出口的控制结构。在总体设计阶段，采用自顶向下、逐步求精的方法，可以把一个复杂问题的解法分解和细化成一个由许多模块组成的软件系统。在详细设计或编程阶段，采用自顶向下、逐步求细的方法，可以把一个模块的功能逐步分解细化为一系列具体的处理步骤或某种高级语言的语句。

（3）应用程序设计的编程语言。

① 面向机器的语言。面向机器的语言是指编程语言因 CPU 的不同而不同。这类语言的编程效率极高，但对程序设计人员的要求也较高，不仅要考虑设计思路，还要熟悉机器的内部结构。面向机器的语言一般是指机器语言和汇编语言。

② 高级语言。高级语言不是特指的某一种具体的编程语言，而是包括很多编程语言，如面向过程的高级语言 C、Fortran、BASIC、Pascal 等，面向对象的高级语言 Visual Basic、Visual C++、Visual C#、Java、Delphi、Object Pascal 等。高级语言与计算机的硬件结构及指令系统无关，具有更强的表达能力，可方便地表示数据的运算和程序的控制结构，能更好地描述各种算法，易学易用，开发效率高。但是，高级语言编译生成的程序代码一般比用汇编语言编写的程序代码要长，执行的速度也慢。

（4）测控系统的软件开发工具。

① 面向过程的程序设计。面向过程的程序设计是面向功能的。首先要定义所要实现的功能，然后设计为实现这些功能所要执行的步骤，这些步骤就是过程。编写代码实际上等于分解这些步骤，使每一步直接对应一行代码。

面向过程程序设计通常采用自顶向下设计方法进行设计。在这种设计方法中，程序的每一个步骤直接的函数依赖关系是非常紧密的。要解决一个问题，就要通过一个个设计好的函数步骤进行，每一个环节都是环环相扣的，都不能出错。一旦一个环节出错，将影响整个问题的解决结果。使用面向工程的编程语言，程序设计人员可以不关心机器的内部结构甚至工作原理，重点放在解决问题的思路和方法上。这样可以提高编程效率。

② 面向对象的程序设计。面向对象的程序设计(Object-Oriented Programming，OOP) 是把整个现实世界或其一部分看作由不同种类的对象(Object) 组成的有机整体。同一类型的对象既有共同点，又有各自的不同特性。各种类型的对象之间是通过发送消息进行联系的，消息能够激发对象做出相应的反应，构成一个整体。在面向对象程序设计中，程序是由一个个的模块构成的。程序设计过程中，先对这些模块分别进行设计、编码和测试，最后再将这些模块有机组合在一起，构成一个完整的应用程序。

面向对象的程序设计具有以下优点：

- 程序容易阅读和理解，程序员只需了解必要的细节，具有较好的可维护性。
- 通过修改、添加或删除对象，可以很容易地修改、添加或删除程序的属性，使程序具有易修改的特性。
- 程序员可以将某些公用的类和对象保存起来，随时插入到应用程序中，不需要进行修改就能使用，具有很好的可重用性。

③ 工业组态软件。“组态（Configure）”的含义是“配置”“设定”“设置”等，是指用户通过类似“搭积木”的简单方式来完成自己所需要的软件功能，而不需要编写计算机程序。组态软件指一些数据采集与过程控制的专用软件，它们是在自动控制系统监控层一级的软件平台和开发环境，能以灵活多样的组态方式（而不是编程方式）提供良好的用户开发界面和简捷的使用方法，它解决了控制系统通用性问题。常用的组态软件有 Siemens 的 WinCC、紫金桥 Real info、组态王 King View、北京昆仑通态的 MCG S 等。

④ 虚拟仪器测控平台。虚拟仪器测控平台是基于图形开发调速和运行程序的集成化环境，是借助于虚拟前面板用户界面和框图建立虚拟仪器应用程序的设计系统。编程语言和常规的程序语言不同，它是一种定位于非计算机专业人员使用的编程工具。目前，很多仪器厂商推出了虚拟仪器开发平台，其代表产品有 LabVIEW。LabVIEW 是由美国 NI 公司开发的图形开发调速和运行程序环境，它为用户提供了简单直观、快速高效的编程平台，用户可以通过类似流程图的形式构建虚拟仪器，而不需要编程。

5.2.2 C#编程语言概述

1. C#的由来

C#是微软公司发布的一种面向对象的、运行于.NET Framework 之上的高级程序设计语言。C#语言定义主要是从 C 和 C++继承而来的，而且语言中的许多元素也反映了这一点。C#是一门面向对象的（从头到尾）类型安全的语言。

2. C#语言特征

（1）类。在 C#中，所有的代码和数据都必须被附在一个类中。用户不能在类外定义一个变量，也不能写任何不在类中的代码。当一个类的对象被创建并且运行时，类就被构造了。当类的对象被释放时，类也就被销毁了。类提供了单继承，所有的类最终从基类获取的东西就是对象。

（2）数据类型。C#包含两种类型的数据：值类型和引用类型。值类型保存实际的值。引用类型保存实际的值存储在其他位置。原始的数据类型，如字符型、整型、浮点型、枚举型、结构体类型都是值类型。而对象和数组类型被处理成了引用类型。C#预定义了引用类型（对象和字符串）、字节型、无符号短整型、无符号整型、无符号长整型、浮点型、双精度浮点型，布尔型、字符型和小数类型的值类型和引用类型最终都会被一个基本类型的对象执行。

C#允许将一个值或者一个类型转变为另外一个值或一种类型。可以使用隐式的转换策略或者显式的转换策略。隐式的转换策略总是成功并且不会丢失任何信息（如可以将一个整型转换为一个长整型而不用丢失任何信息，因为长整型可以比整型表示更多的位数）；显式转换策略可能会丢失一些数据。

（3）函数。一个函数是一种可以随时使用的代码。一个函数可以返回信息也可以不返回信息。

函数可以拥有四种参数：

① 值参数。输入的参数，有值传递到函数内，但是函数无法改变它们的值。

② 输出参数。输出的参数，没有值，但是函数可以赋予它们值，并且将这个值传回给它的调用者。

③ 引用参数。通过引用传递另外的一个值。它们有一个值进入函数，并且这个值可以在函数中被更改。

④ 数组参数。可以在列表中定义一个数组变量。

（4）接口。C#提供了接口，它聚集了属性、方法和阐述一套功能的事件。C#的类可以执行接口，它通过接口告诉用户这个类提供的一整套功能文件。

在 C#的应用程序中。许多应用程序都使用已有的、厂家提供的添加项。执行的时候有读取添加项的能力。但是要求这个添加项必须遵守一些规则。DLL 添加项必须展示一个名为 CE Entry 的函数，并且必须使用 CEd 作为 DLL 文件名的开头。运行代码时，它可以扫描正在工作的以 CEd 开头的所有 DLL 的目录。当它发现了一个，就被读取下来，然后用 GetProcAddress 找出 DLL 中的 CE Entry 函数。这种创建读取添加项是必要的。

（5）构件。构件是用 C#去建立一个终端的应用程序。这些应用程序被打包成一个可执行的文件，其扩展名为.EXE。C#完全地支持.EXE 文件的建立。

一个构件是一个元数据的代码包。可以将构件看作一个逻辑的 DLL，也可以把构件看作与.NET 等价的包。

有两种构件：私有构件和全局构件。建立自己的构件时，不需要指明是想建立一个全局构件还是私有构件。用户建立的构件只能被单独的应用程序访问。它是一个类似于 DLL 的包，并且被安装进同样的目录，当应用程序运行它时，是在与构件相同目录下时才可执行。全局构件可以被任何系统的.NET 应用程序使用，而不用考虑它被安装在哪个目录中。微软装配构件是.NET 结构的一部分，是全局构件。微软结构 SDK 中包含公用的可以从全局构件存储器中安装和删除构件的功能。

C#在某种程度上可以看作.NET 面向 Windows 环境的一种编程语言。C#程序的编译过程如图 5-1 所示。

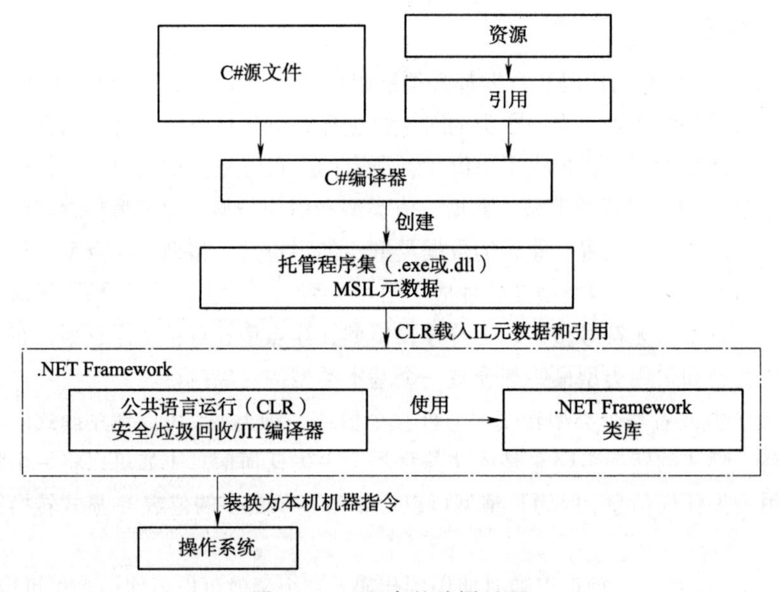

图 5-1 C#程序的编译过程

5.2.3 Visual Studio 集成开发环境

Visual Studio 是微软公司推出的集成开发环境，具备为 Windows、iOS、Android 设备或云服务器等开发桌面、移动、网页应用的全套功能。同时，Visual Studio 提供了一个统一的客户端和服务器开发平台，支持移动跨平台开发可扩展，编程功能先进、高效。

Visual Studio 也是一个多语言集成开发环境，其支持 Visual C++、Visual Basic、Visual C#和 ASP 等应用系统开发。本书基于 Visual Studio 2015 进行介绍。

5.3　项 目 实 施

任务 5-1　个人信息表的制作

要求：制作个人信息表。实现功能：单击“确定”按钮后，表单上显示学生的个人信息。

（1）采用 C#编程，单窗口设计。窗口界面如图 5-2 所示。

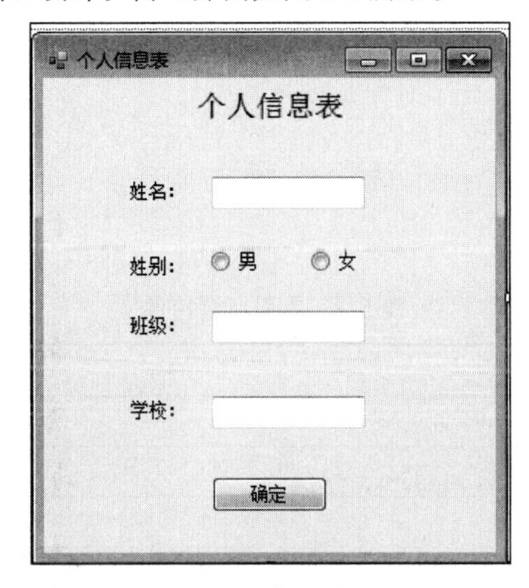

图 5-2　窗口界面

界面所需控件见表 5-1。

表 5-1　界面所需控件

控件名称	控件类型
label1 ~ label5	label
textBox1 ~ textBox3	textBox
Button1	button

（2）主要语句：

```
textBox1.Text = "王二";
radioButton1.Checked = true;
```

任务 5-2　为个人信息表添加照片

要求：在原有个人信息表项目基础上增加个人照片，主要让学生掌握 imageList1 和 pictureBox 控件的使用。采用 C#编写程序。

1. 编程资料

（1）采用 C#编程，单窗口设计。窗口界面如图 5-3 所示。

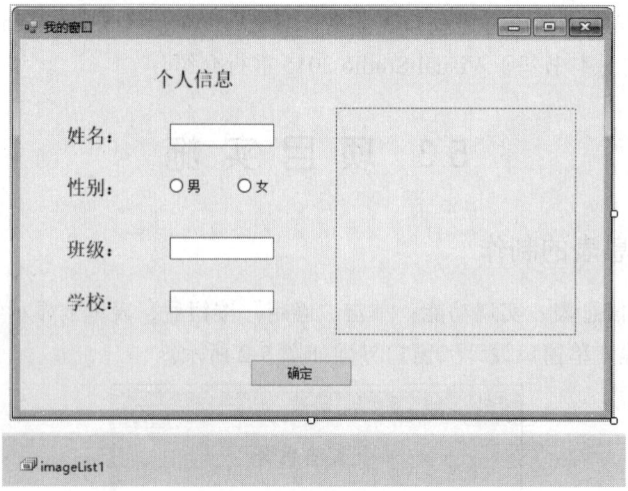

图 5-3　窗口界面

界面所需控件见表 5-2。

表 5-2　界面所需控件

控件名称	控件类型
label1 ~ label5	label
textBox1 ~ textBox3	textBox
Button1	button
pictureBox1	pictureBox
imageList1	imageList

（2）主要语句：

```
textBox1.Text = "王二";
radioButton1.Checked = true;
pictureBox1.Image = imageList1.Images[0];
```

2. 项目拓展

学生自行设计个人名片、电话簿、公司信息等窗口界面。

学习情境3

数据采集卡的应用

项目 6　认识研华 PCI-1710 数据采集卡

学习目标

- 了解数据采集卡的分类。
- 掌握 PCI-1710 数据采集卡的主要功能。
- 了解 PCI-1710 数据采集卡的引脚。
- 掌握数据采集卡的安装过程。
- 了解研华 DAQNavi 开发工具包的安装和应用。

6.1 项目描述

数据采集卡是实现数据采集（Data Acquisition）功能的计算机扩展卡，可以通过 USB、PXI、PCI、PCI Express、以太网等总线接入计算机，可以迅速、方便地构成一个数据采集系统，既可以节省大量的硬件研制时间和投资，又可以充分利用 PC 的软硬件资源，还可以使用户集中精力对数据采集与处理中的理论和方法、系统设计以及程序编制等进行研究。

PCI-1710 是由研华公司生产的 PCI 总线的多功能数据采集卡。具有 12 位 A/D 转换、D/A 转换、数字量输入、数字量输出及计数器/定时器等功能。

图 6-1 所示为研华 PCI-1710 数据采集卡。本项目要求学生掌握研华 PCI-1710 数据采集卡的主要功能、安装方法，以及驱动软件的使用。

图 6-1　研华 PCI-1710 数据采集卡

6.2 相关知识

6.2.1 数据采集卡

1. 数据采集卡的产生

为了满足 IBM-PC 及其兼容机数据采集与控制的需要，许多厂商生产了各种各样的数据采集板卡（或 I/O 板卡）。这类板卡均参照 IBM-PC 的总线技术标准设计和生产，用户只要把这类板卡插入 IBM-PC 主板上相应的 I/O 扩展槽中，就可以迅速方便地构成一个数据采集与处理系统，从而大大节省了硬件的研制时间和投资，又可以充分利用 PC 的软硬件资源，还可以使用户集中精力对数据采集与处理中的理论和方法进行研究、进行系统设计以及程序的编制等。

2. 数据采集卡的分类

基于 PC 总线的板卡种类很多，其分类方法也有很多种。按照板卡处理信号的不同可以分为模拟量输入板卡（A/D 板卡）、模拟量输出板卡（D/A 板卡）、开关量输入板卡、开关量输出板卡、脉冲量输入板卡、多功能板卡等。其中多功能板卡可以集成多个功能，如数字量输入/输出板卡将模拟量输入和数字量输入/输出集成在同一张卡上。根据总线的不同，可分为 PCI 板卡和 ISA 板卡。表 6-1 为根据功能分类的数据采集卡列表，图 6-2 为各种总线形式的数据采集卡。

表 6-1　数据采集卡的种类和用途

输入/输出信息来源及用途	信息种类	相配套的接口板卡产品
温度、压力、位移、转速、流量等来自现场设备运行状态的模拟电信号	模拟量输入信息	模拟量输入板卡
限位开关状态，数字装置的输出数码，节点通断状态，0、1 电平变化	数字量输入信息	数字量输入板卡
执行机构的测控执行、记录等（迷你电压/电流）	模拟量输出信息	模拟量输出板卡
执行机构的驱动执行、报警显示蜂鸣器其他（数字量）	数字量输出信息	数字量输出板卡
流量计算、电功率计算、转速、长度测量等脉冲形式输入信号	脉冲量输入信息	脉冲技术处理板卡
操作中断、事故中断、报警中断及其他需要中断的输入信号	中断输入信息	多通道中断控制板卡
前进驱动机构的驱动控制信号输出	间断信号输出	步进电机测控板卡
串行/并行通信信号	通信收发信息	多口 RS-232/RS-485 通信板卡
远距离输入/输出模拟（数字）信号	模拟/数字量远端信息	远程 I/O 板卡

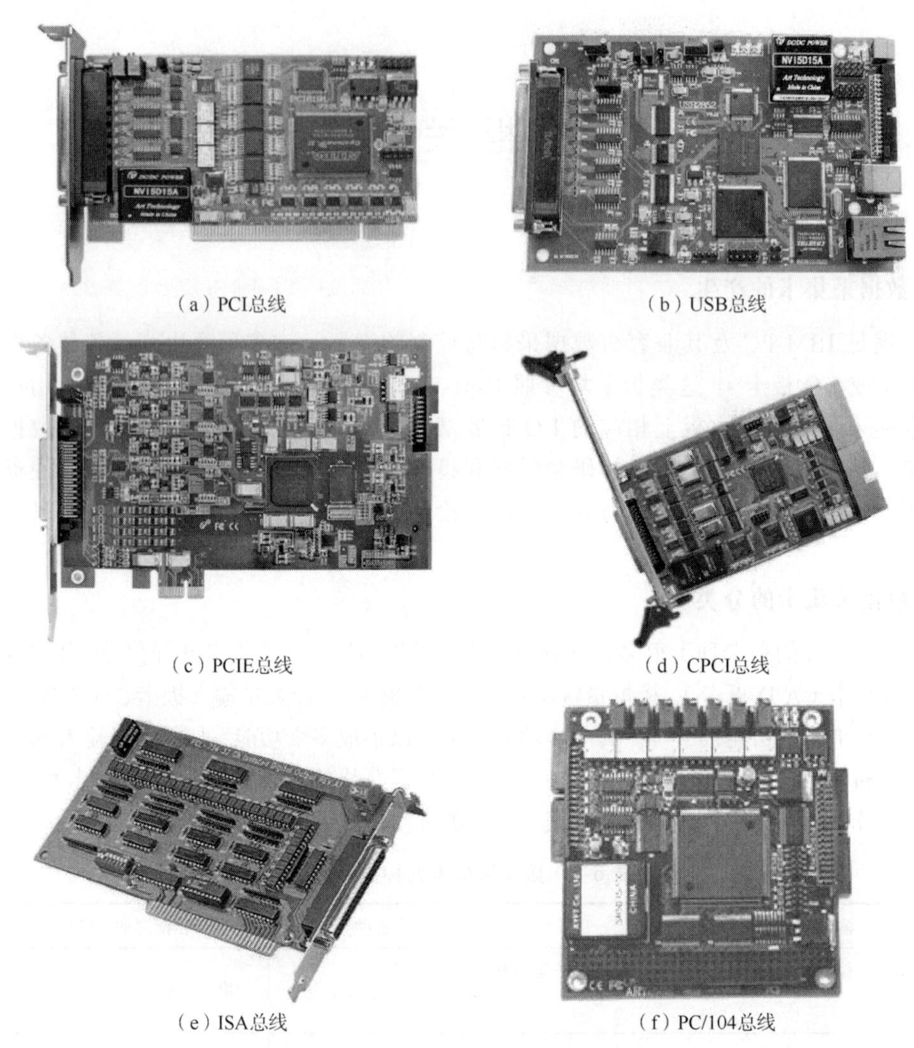
（a）PCI总线　（b）USB总线
（c）PCIE总线　（d）CPCI总线
（e）ISA总线　（f）PC/104总线

图 6-2　各种总线形式的数据采集卡

3．数据采集卡的应用案例

案例 1：电阻式触摸板测试方案的架构

电阻式触摸板测试方案示意图如图 6-3 所示。PCI-1752 依序输出控制触摸指的点击，同时 PCI-1711 采集触摸板反馈出来的两路电压值，软件绘制出 2D 模型，判断此触摸点是否功能正常。

案例 2：太阳能电池板同步测试

太阳能电池板同步测试方案示意图如图 6-4 所示。核心由工控机和三块研华板卡组成，PCI-1671 数据传输板卡实现对智能仪表的控制，这种在线虚拟仪控功能，方便系统在线调试及实时分析，自动实现 *I-V* 曲线测试。PCI-1712 对外界温度和光强实现测量，PCI-1714 实现电池板单元的 V_{oc}、I_{sc}、P_{max}、I_{mp}、V_{mp}、FF、R_{sh}、R_{s}、η_{max} 等状态参数的测量。系统软件可以进行测试参数设置及数据统计分析。

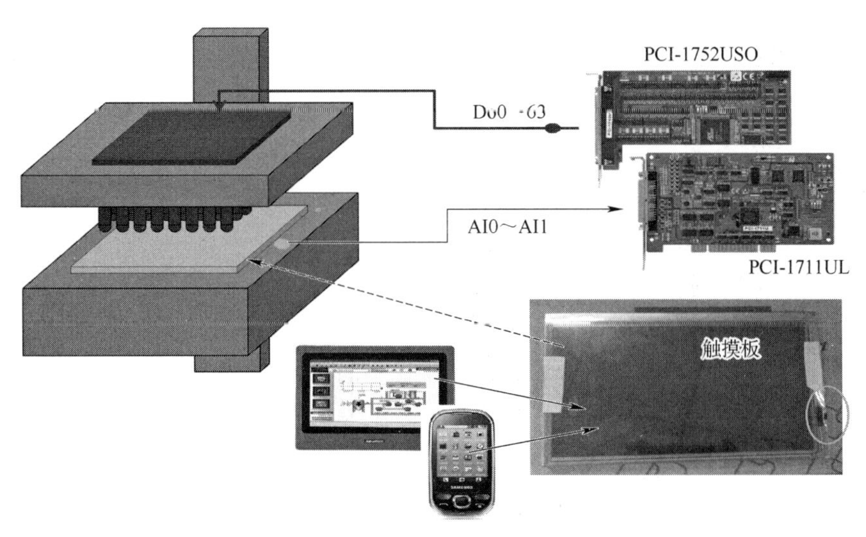

图 6-3　电阻式触摸板测试方案示意图

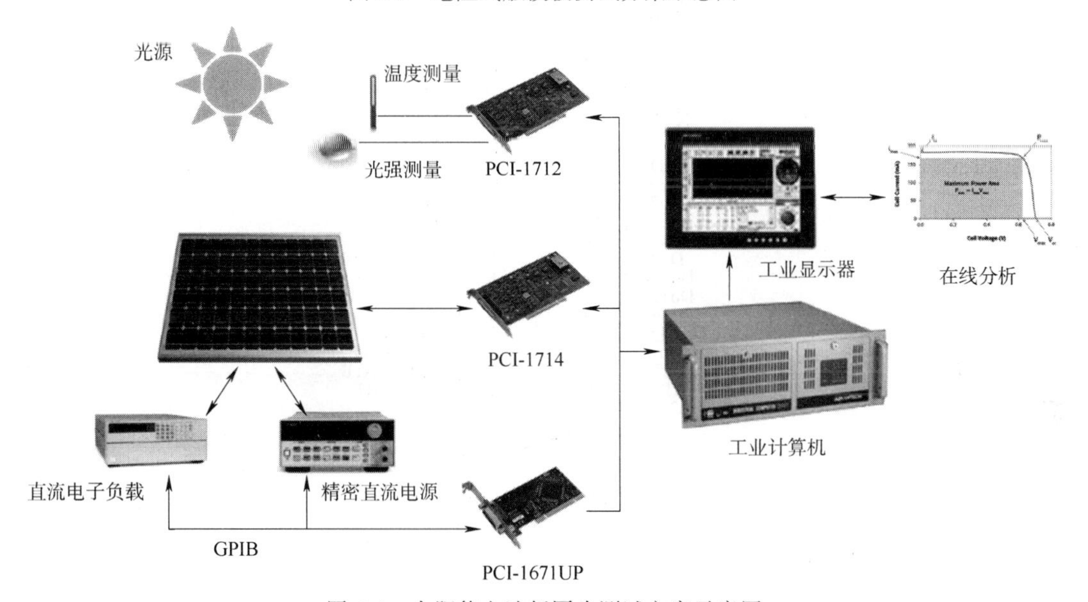

图 6-4　太阳能电池板同步测试方案示意图

6.2.2　研华 PCI-1710/U 数据采集卡的主要功能

1. 设备特性

PCI-1710/U 数据采集卡的主要特性如下：

（1）16 路单端或 8 路差分或模拟量输入的结合。

（2）12 位 A/D 转换器，采样率高达 100 kHz。

（3）可编程增益。

（4）自动通道/增益扫描。

（5）板载 FIFO 存储器（4 096 个采样）。

（6）2 个 12 位模拟量输出通道。

（7）16 路数字量输入和 16 路数字量输出。

（8）板载可编程计数器。

（9）BoardID 开关。

2. 信号连接

PCI-1710/U 引脚定义如图 6-5 所示。

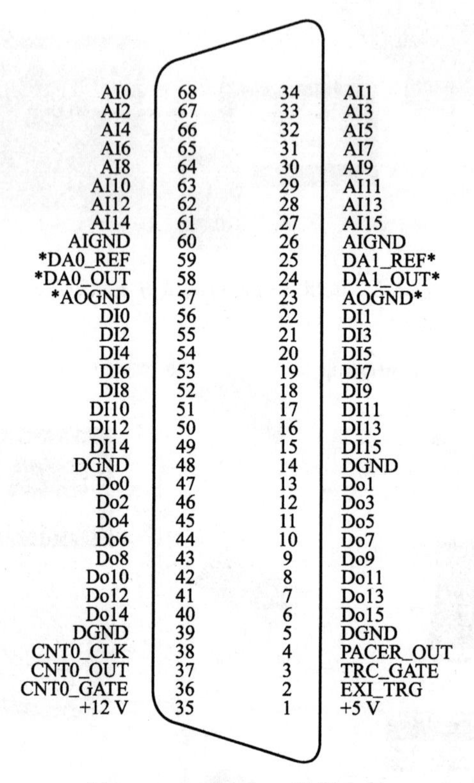

图 6-5 PCI-1710/U 引脚定义

I/O 接口信号描述见表 6-2。

表 6-2 I/O 接口信号描述

信号名称	参考	方向	说 明
AI<0...15>	AIGND	输入	模拟量输入通道 0 ~ 15。每个通道对，AI<*i*, *i*+1> (*i*=0, 2, 4，…，14)，可以设置为两个单端输入或一个差分输入
AIGND	—	—	模拟量输入接地。三个参考（AIGND、AOGND 和 DGND）一起连接至 PCI-1710/1710L/1710HG/1710HGL 板卡
AO0_REF AO1_REF	AOGND	输入	模拟量输出通道 0/1 外部参考
AO0_OUT AO1_OUT	AOGND	输出	模拟量输出通道 0/1
AOGND	—	—	模拟量输出接地。模拟量输出电压是这些节点的参考。三个接地参考（AIGND、AOGND 和 DGND）一起连接至 PCI-1710/1710L/1710HG/1710HGL 板卡

续表

信号名称	参考	方向	说　明
CNT0_CLK	DGND	输入	计数器 0 时钟输入。计数器 0 的时钟输入可以为外部（高达 10 MHz）或内部（1 MHz），通过软件设置
CNT0_OUT	DGND	输出	计数器 0 输出
CNT0_GATE	DGND	输入	计数器 0 门控制
PACER_OUT	DGND	输出	步进时钟输出。每个步进时钟触发一次，该引脚就输出一个脉冲。如果 A/D 转换在脉冲触发模式下，用户可以将该信号作为一个同步信号用于其他应用。上升沿触发 A/D 转换开始
TRG_GATE	DGND	输入	A/D 外部触发门。当 TRG_GATE 连接至+5 V 时，将启用外部触发信号进行输入。当 TRG_GATE 连接至 DGND 时，将禁用外部触发信号进行输入
EXT_TRG	DGND	输入	A/D 外部触发。该引脚是用于 A/D 转换的外部触发信号输入。上升沿触发 A/D 转换开始
+12 V	DGND	输出	DC +12 V 电源
+5 V	DGND	输出	DC +5 V 电源

3. 接线电缆

接线电缆 PCL-10168 如图 6-6 所示。

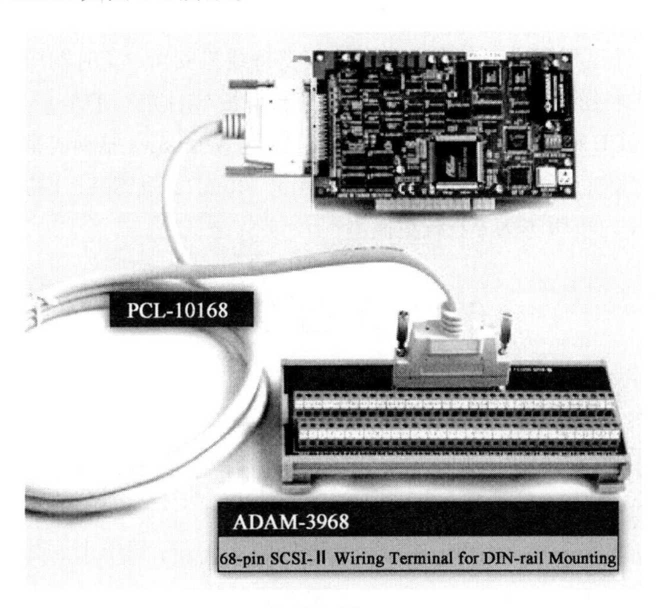

图 6-6　接线电缆 PCL-10168

6.2.3　研华 DAQNavi SDK 开发工具包

1. DAQNavi 概述

DAQNavi 是一种适用于研华 DAQ（Data Acquisition，数据采集）设备的广义开发工具包（SDK），包括 DAQ 设备驱动、DAQ DLL、DAQ 集合、Advantech Navigator、示例和手册。DAQNavi 支持的 OS 包括 Windows 和 Linux 等；支持的开发工具包括 VC/C++、C#、VB.NET、VB、LabVIEW、

BCB、Delphi 和 Delphi XE2 等。DAQNavi 涵盖了支持大多数研华 PCI、USB 和 PC/104 接口在内的 DAQ 设备。

2. DAQNavi 架构

DAQNavi 架构结构如图 6-7 所示。

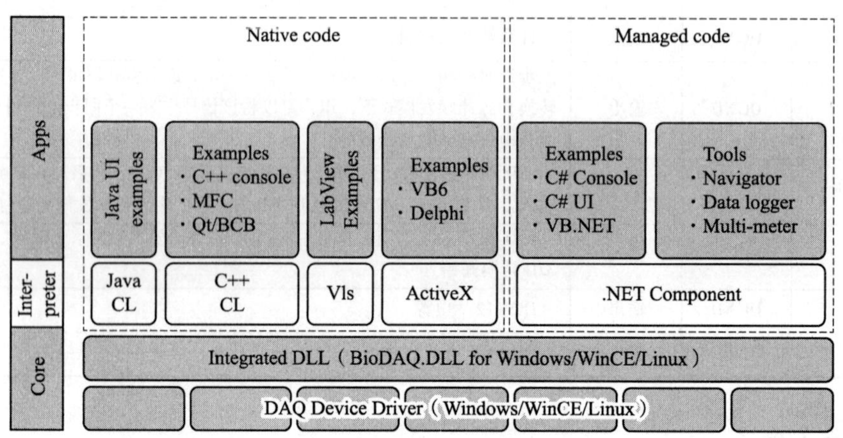

图 6-7　DAQNavi 架构结构

3. DAQ 设备驱动

DAQ 着重强调软件工程架构，为此创建了一些支持线程安全、实时响应和多源保护特性的新驱动，使设备能够在多任务和多核操作环境中表现出最佳性能。DAQ 为用户提供了适用于 Windows、Linux、WinCE 和 LabVIEW 的一系列驱动。与 Windows 驱动类似，DAQNavi Linux 驱动为多数流行的 Linux 发行版（Ubuntu、Fedora、Mint、RedHat 和 SuSE）提供了设备驱动、类库和示例。支持的 Linux 内核版本为 2.6 或更高。

6.3　项 目 实 施

任务 6-1　安装 PCI-1710/U 数据采集卡

可将 PCI-1710/U 板卡安装在计算机中的任一 PCI 插槽。安装模块具体步骤如下：

步骤 1：安装或移除任何部件之前，请关闭计算机。

步骤 2：调整板卡上的 DIP 开关 SW1 来设置板卡的板卡 ID。

步骤 3：打开计算机盖，将 PCI-1710/U 板卡插入 PCI 插槽。应抓住板卡的边缘，将板卡与插槽对齐，然后插入插槽。

步骤 4：用螺钉将 PCI 卡托架固定在计算机后面板导轨上。

步骤 5：将所需附件（如有需要，68 针电缆、接线端子等）连接至 PCI 板卡。

步骤 6：将计算机盖重新放回并固定。插上电源线并开启计算机。

步骤 7：安装 DAQNavi SDK 来建立操作环境。

（1）关闭计算机中的杀毒软件和防护软件。

（2）用管理员身份打开 DAQNavi_SDK 安装程序运行。安装界面如图 6-8 所示。

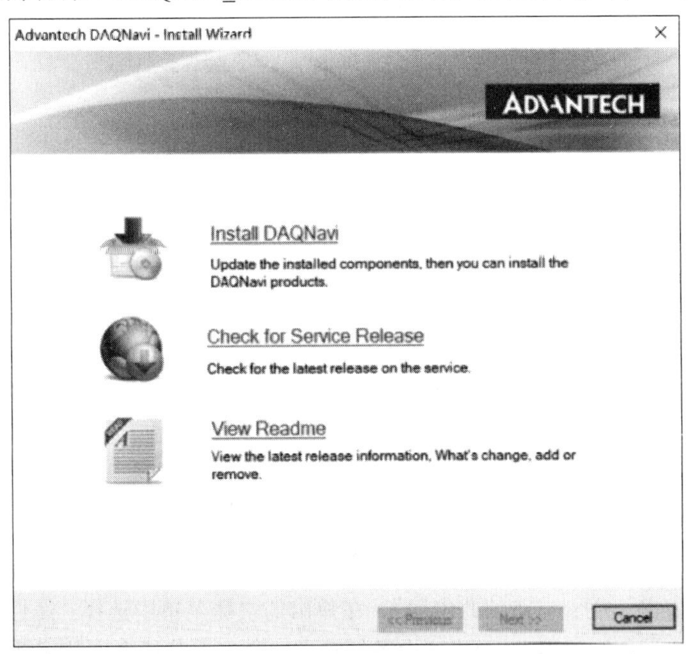

图 6-8　安装界面

（3）选择“Install DAQNavi”选项。单击“Next”按钮。

（4）可以根据需求自己勾选安装组件，如图 6-9 所示。

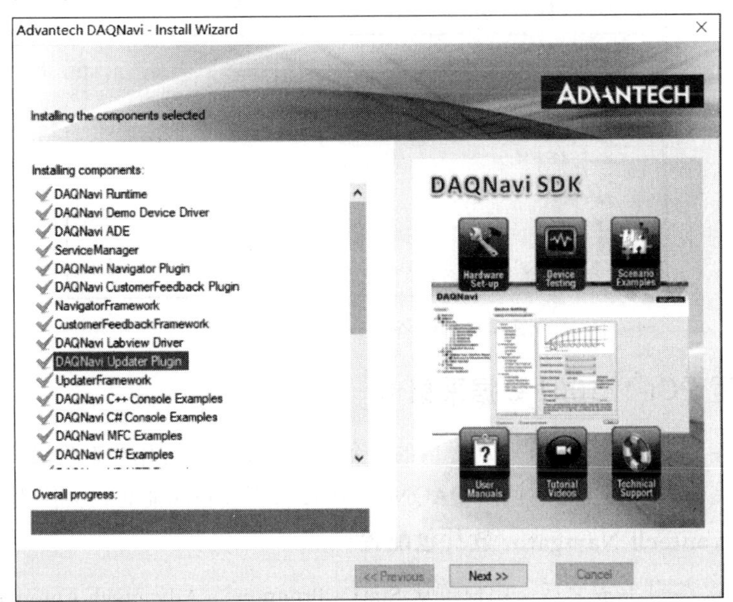

图 6-9　安装组件信息

（5）安装完成后，“开始”菜单会出现“Advantech Automation”文件夹，文件夹中有启动文件“Navigator”。单击启动运行。DAQNavi_SDK 运行界面如图 6-10 所示。

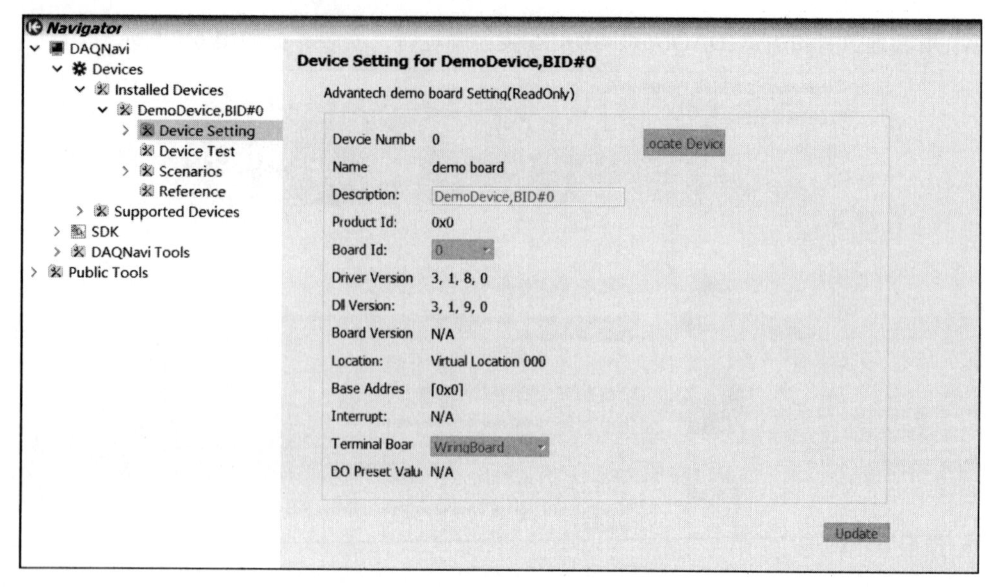

图 6-10 DAQNavi_SDK 运行界面

检查板卡是否安装正确：右击“此电脑”，在弹出的快捷菜单中选择“属性”命令，弹出“设置”对话框，单击“设备管理器”，弹出“设备管理器”窗口。若板卡安装成功，则会在设备管理器列表中出现 PCI-1710/U 的设备信息，如图 6-11 所示。

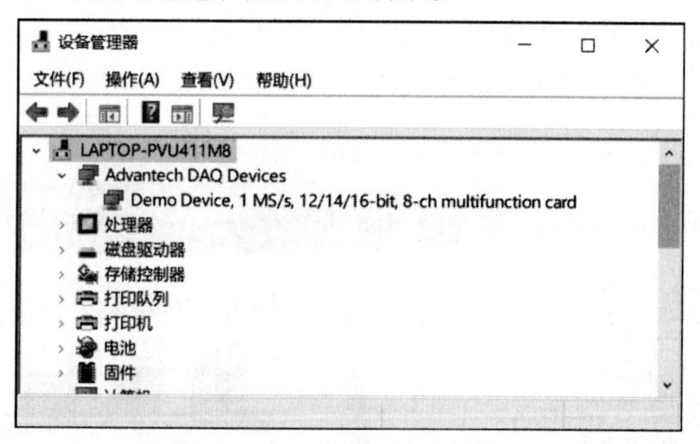

图 6-11 设备管理器中板卡信息

任务 6-2 配置 PCI-1710/U 数据采集卡

板卡成功安装之后，DAQNavi 驱动提供的设备设置对话框允许用户对设备进行配置，然后将设置保存在系统注册表中。当用户调用 DAQNavi SDK 管理设备功能时，会使用这些设置。

1. 采用 Advantech Navigator 软件包配置

DAQNavi SDK 安装完成之后，用户可从 Start » Programs » Advantech Automation » DAQNavi 访问 Advantech Navigator 并打开 Navigator 窗口。

单击左边的“+”展开内容。如果软件和硬件均成功安装，PCI-1710/U 应出现在 DAQNavi » Devices » Installed Devices 目录下。

选择“Device Setting”打开右边的 PCI-1710/U 设备设置对话框，如图 6-12 所示。

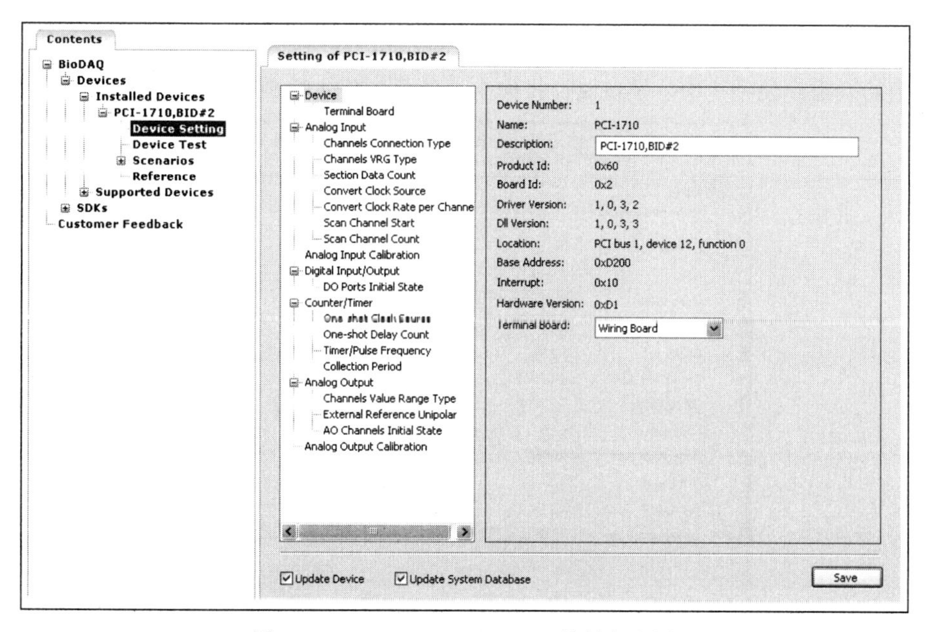

图 6-12　Advantech Navigator 软件包配置

在设备设置对话框中，用户可更改设备、模拟量输入、模拟量输出、数字量输入/输出和计数器功能的默认设置。

勾选相应复选框之后，用户可单击“Save”按钮使设备设置生效或者将设备设置保存至系统注册表中。如果“Update Device”和“Update System Database”均未勾选，则对话框一旦关闭设备设置将丢失。

2．采用系统设备管理器配置

（1）如果软件和硬件均成功安装，PCI-1710/U 的设备名应出现在系统设备管理器中。

（2）在“设备管理器”窗口中，右击 PCI-1710/U 设备名，在弹出的快捷菜单中选择“属性”命令，弹出板卡属性对话框，如图 6-13 所示。

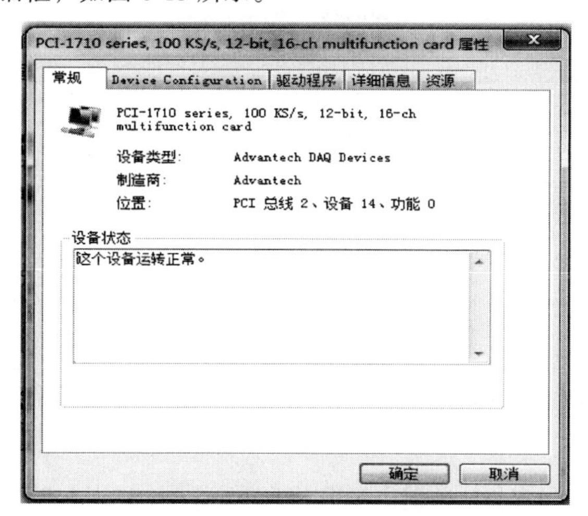

图 6-13　板卡属性对话框

（3）选择“Device Configuration”选项卡，如图 6-14 所示。该选项卡可供用户设置设备属性值，这些值将会保存在系统中。设备属性将作为设备驱动功能的参考。

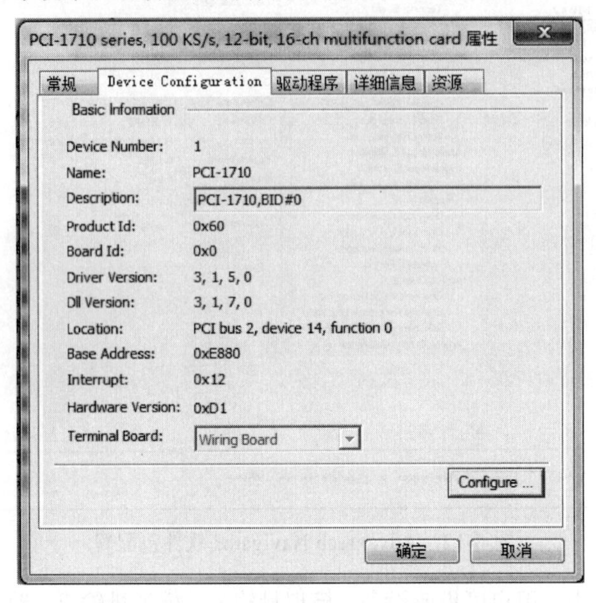

图 6-14　Device Configuration 选项卡

（4）单击“Configure”按钮，弹出设备设置对话框，如图 6-15 所示。用户可更改设备、模拟量输入、模拟量输出、数字量输入/输出和计数器功能的默认设置。

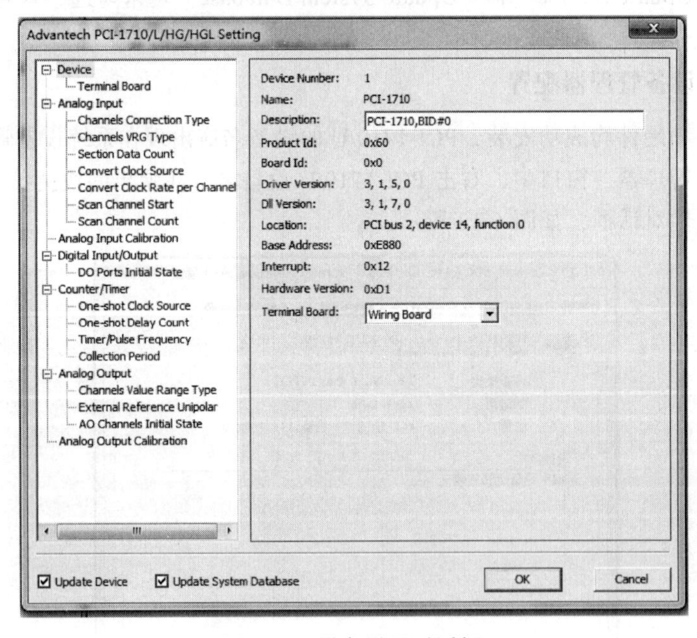

图 6-15　设备设置对话框

（5）单击“OK”按钮保存修改并退出配置对话框。单击“Cancel”按钮不保存修改并退出配置对话框。

项目 7　数字量输出控制

学习目标

- 知识目标：掌握数据采集卡 PCI-1710 数字量输出端口的结构、功能和连接。掌握数字量输出端口控制项目的软件编程。
- 能力目标：能够实现对数字量数据的采集过程的硬件连接和软件编程。
- 素质目标：了解现代测试技术，适应自动化测试岗位需求。

7.1　项 目 描 述

选择 PCI-1710 数据采集卡的数字量输出端口，外接 LED 灯，实现对 LED 灯的控制。软件采用 C#编程。

对于一些生产中现场设备控制只对应两种状态，如指示灯的亮和灭、继电器的吸合和释放、电磁阀的打开和关闭、电机的启动和停止，仪器仪表的 BCD 码，以及脉冲信号的计数和定时、使能报警等，这些都可以用数字量输出信号去控制，如图 7-1 所示。

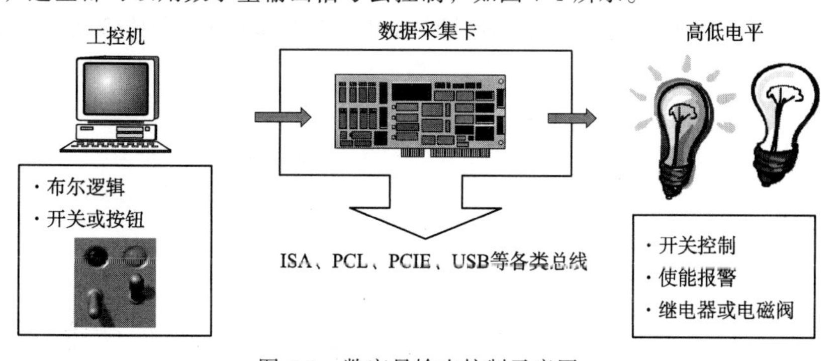

图 7-1　数字量输出控制示意图

计算机产生数字量输出信号，一般采用布尔逻辑信号表示，以二进制的逻辑“1”和“0”或电平的高和低形式出现。通过数据采集卡的数字量输出通道，送到外控设备端，实现相应功能。

7.2 相关知识

7.2.1 数字量输出的类型

数字量输出信号分为三种形式：

（1）TTL 电平输出（0～5 V）：电平输出方式的速度比较快，且外接线路简单，带负载能力弱。

（2）隔离输出：输出端口有带隔离的部件，如光耦、继电器等。外部接负载，并且外部提供电源，如图 7-2 所示。

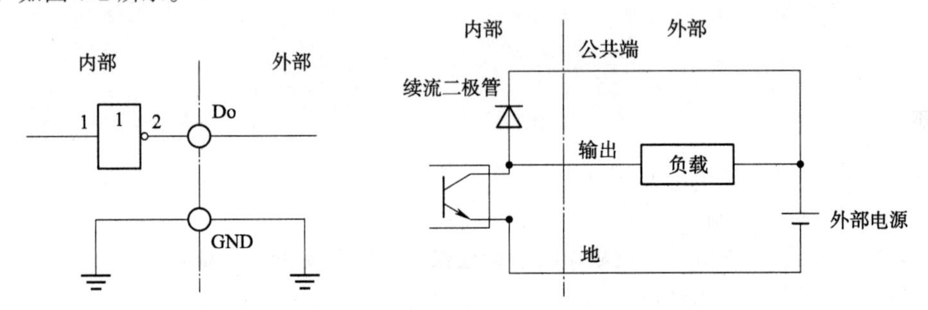

图 7-2　TTL 电平输出和隔离输出

（3）继电器类型输出：继电器输出是通过继电器的触点的通断来提供信号，带负载能力强。

7.2.2 数字量输出的驱动电路

数字量输出通道简称 Do 通道，它的任务是把计算机输出的微弱数字信号转换成能对生产过程进行控制的数字驱动信号。根据现场负荷的不同，如指示灯、继电器、接触器、电机、阀门等，可以选用不同的功率放大器件构成不同的开关量驱动输出通道。常用的有晶体管输出驱动电路、继电器输出驱动电路、晶闸管输出驱动电路、固态继电器输出驱动电路等。

1．普通晶体管驱动电路

当驱动电流只有十几毫安或几十毫安时，只要采用一个普通的功率晶体管就能构成驱动电路，如图 7-3 所示。

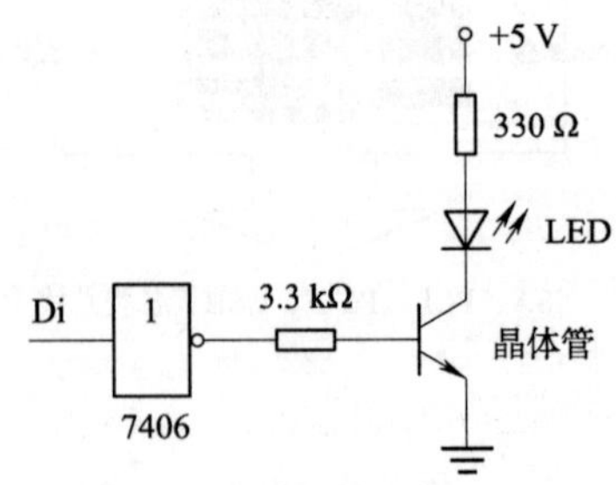

图 7-3　小功率晶体管输出电路

2．达林顿驱动电路

当驱动电流需要达到几百毫安时，如驱动中功率继电器、电磁开关等装置，输出电路必须采取多级放大或提高晶体管增益的办法，如图 7-4 所示。达林顿阵列驱动器是由多对两个晶体管组成的达林顿复合管构成，具有高输入阻抗、高增益、输出功率大及保护措施完善的特点，也非常适用于计算机测控系统中的多路负荷。

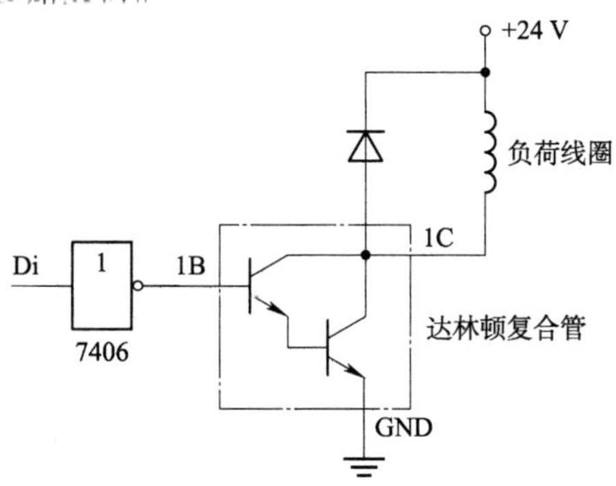

图 7-4　达林顿管驱动电路

3. 继电器驱动电路

电磁继电器简称继电器，结构如图 7-5 所示，主要由线圈、铁芯、衔铁和触点等部件组成，它分为电压继电器、电流继电器、中间继电器等几种类型。继电器方式的开关量输出是一种最常用的输出方式，通过弱电控制外界交流或直流的高电压、大电流设备。

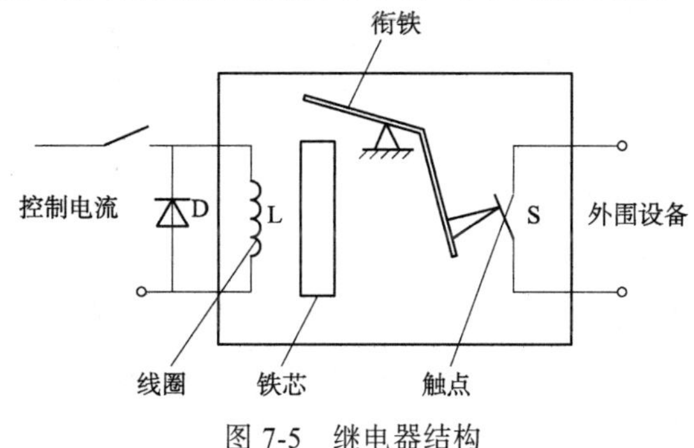

图 7-5　继电器结构

继电器驱动电路的设计要根据所用继电器线圈的吸合电压和电流而定，控制电流要大于继电器的吸合电流才能使继电器可靠地工作。

图 7-6 所示为经光耦隔离器的继电器输出驱动电路，当 CPU 数据线 Di 输出数字“1”即高电平时，经 7406 反相驱动器变为低电平，光耦隔离器的发光二极管导通且发光，使光敏晶体管导通，继电器线圈 KA 得电，动合触点闭合，从而驱动大型负荷设备。

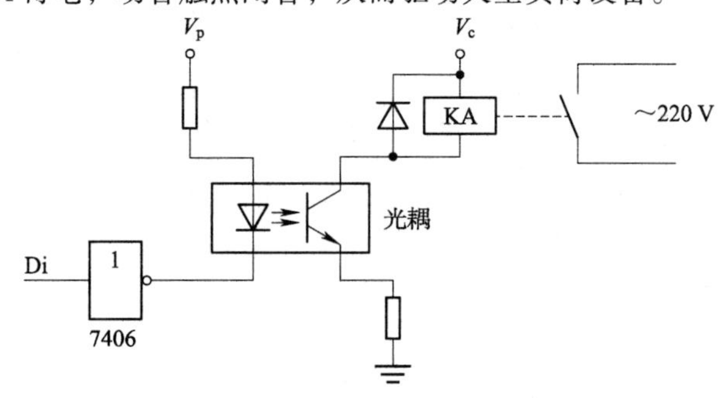

图 7-6　继电器输出驱动电路

由于继电器线圈是电感性负载，当电路突然关断时，会出现较高的电感性浪涌电压，为了保护驱动器件，应在继电器线圈两端并联一个阻尼二极管，为电感线圈提供一个电流泄放回路。

4．晶闸管驱动电路

晶闸管是一种大功率的半导体器件，具有用小功率控制大功率、开关无触点等特点，在交直流电机调速系统、调功系统、随动系统中应用广泛。

晶闸管是一个三端器件，其符号表示如图 7-7 所示。图 7-7（a）所示为单向晶闸管，有阳极 A、阴极 K、控制极（门极）G 三个极。当阳、阴极之间加正压时，控制极与阴极两端也施加正压使控制极电流增大到触发电流值，晶闸管由截止转为导通；只有在阳、阴极间施加反向电压或阳极电流减小到维持电流以下，晶闸管才由导通变为截止。单向晶闸管具有单向导电功能，在控制系统中多用于直流大电流场合，也可在交流系统中用于大功率整流回路。

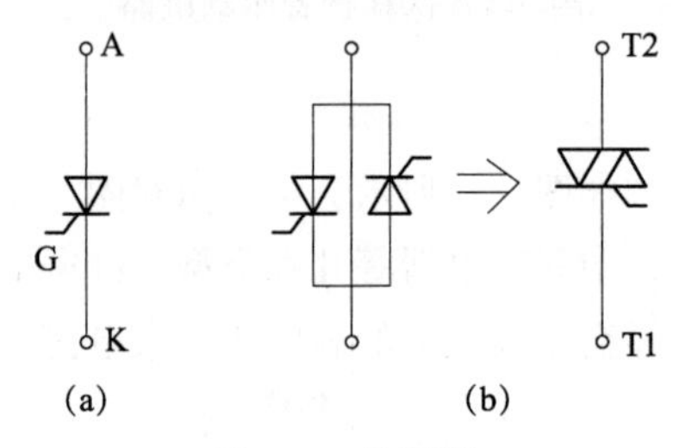

图 7-7　晶闸管

双向晶闸管在结构上相当于两个单向晶闸管的反向并联，但共享一个控制极，结构如图 7-7（b）所示。当两个电极 T1、T2 之间的电压大于 1.5 V 时，不论极性如何，都可利用控制极 G 触发电流控制其导通。双向晶闸管具有双向导通功能，因此特别适用于交流大电流场合。

晶闸管常用于高电压大电流的负载，不适宜与 CPU 直接相连，在实际使用时要采用隔离措施。图 7-8 所示为经光耦隔离的双向晶闸管输出驱动电路，当 CPU 数据线 Di 输出数字“1”时，经 7406 反相变为低电平，光耦二极管导通，使光敏晶闸管导通，导通电流再触发双向晶闸管导通，从而驱动大型交流负荷设备 R_L。

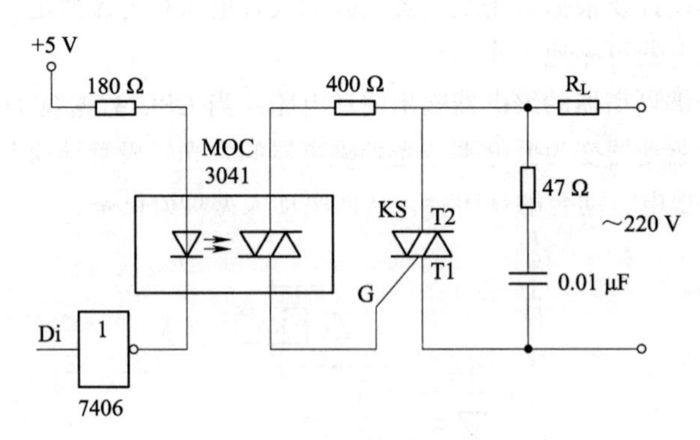

图 7-8　双向晶闸管输出驱动电路

5．固态继电器驱动电路

固态继电器(Solid State Relay，SSR)是一种无触点开关的电子继电器，它利用电子技术实现了控制回路与负载回路之间的电隔离和信号耦合，而且没有任何可动部件或触点，却能实现电磁继电器的功能。它具有体积小、开关速度快、无机械噪声、无抖动和回跳、寿命长等传统继电器无法比拟的优点，在计算机测控系统中得到广泛的应用，大有取代电磁继电器之势。

SSR 是一个四端组件，有两个输入端、两个输出端，其内部结构类似于图 7-8 中的晶闸管输出驱动电路。图 7-9（a）所示为 SSR 结构原理，共由五部分组成。光耦隔离电路的作用是在输入与输出之间起信号传递作用，同时使两端在电气上完全隔离；控制触发电路是为后级提供一个触发信号，使电子开关（晶体管或晶闸管）能可靠地导通；电子开关电路用来接通或关断直流或交流负载电源；吸收保护电路的功能是防止电源的尖峰和浪涌对开关电路产生干扰造成开关的误动作或损害，一般由 RC 串联网络和压敏电阻组成；零压检测电路是为交流型 SSR 过零触发而设置的。SSR 符号如图 7-9（b）所示。

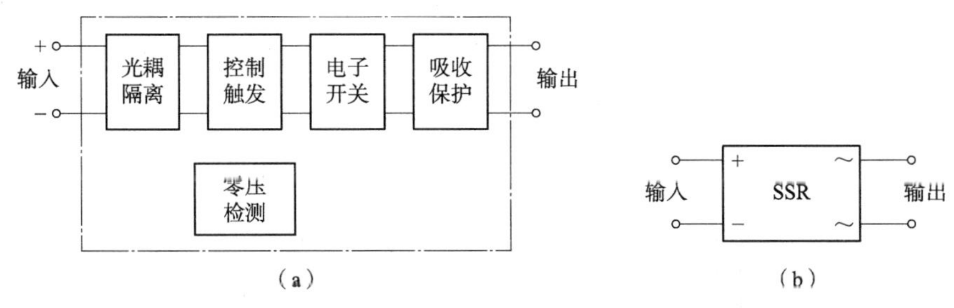

图 7-9　SSR 结构原理和符号

SSR 的输入端与晶体管、TTL、CMOS 电路兼容，输出端利用器件内的电子开关来接通和断开负载。工作时只要在输入端施加一定的弱电信号，就可以控制输出端大电流负载的通断。

SSR 的输出端可以是直流也可以是交流，分别称为直流型 SSR 和交流型 SSR。直流型 SSR 内部的开关组件为功率晶体管，交流型 SSR 内部的开关组件为双向晶闸管。而交流型 SSR 按控制触发方式不同又可分为过零型和移相型两种，其中应用最广泛的是过零型。

过零型交流 SSR 是指当输入端加入控制信号后，需等待负载电源电压过零时，SSR 才为导通状态；而断开控制信号后，也要等待交流电压过零时，SSR 才为断开状态。移相型交流 SSR 的断开条件同过零型交流 SSR，但其导通条件简单，只要加入控制信号，不管负载电流相位如何，立即导通。

直流型 SSR 的输入控制信号与输出完全同步。直流型 SSR 主要用于直流大功率控制。一般取输入电压为 4 ~ 32 V，输入电流 5 ~ 10 mA。它的输出端为晶体管输出，输出工作电压为 30 ~ 180 V。

交流型 SSR 主要用于交流大功率控制。一般取输入电压为 4.32 V，输入电流小于 500 mA。它的输出端为双向晶闸管，一般额定电流在 1 ~ 500 A 范围内，电压多为 380 V 或 220 V。图 7-10 所示为一种常用的固态继电器输出驱动电路，当数据线 Di 输出数字“0”时，经 7406 反相变为高电平，使 NPN 型晶体管导通，SSR 输入端得电则输出端接通大型交流负荷设备 R_L。

当然，在实际使用中，要特别注意固态继电器的过电流与过电压保护以及浪涌电流的承受等工程问题，在选用固态继电器的额定工作电流与额定工作电压时，一般要远大于实际负载的电流与电压，而且输出驱动电路中仍要考虑增加阻容吸收组件。具体电路与参数请参考生产厂家有关手册。

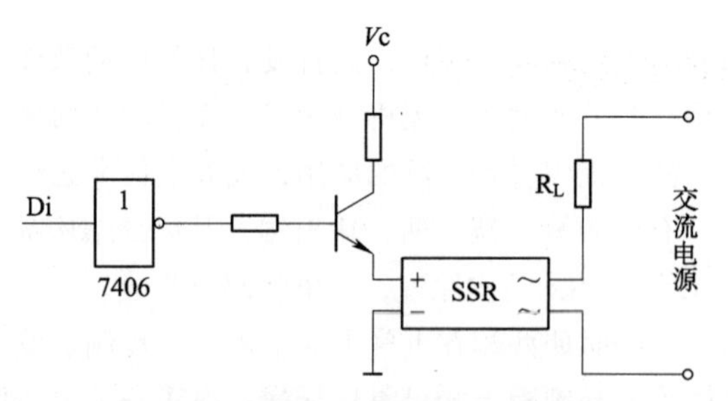

图 7-10 固态继电器输出驱动电路

7.2.3 研华 PCI-1710/U 数据采集卡的数字量输出端口

对于数字输入/输出（DIO），信号交流的接口是端口（Port），一个 Port 由 8 个通道（Channels）组合而成，每一个通道对应一个独立的信号，其数据为位，是二进制的 0 或 1，8 个通道组合成了一个端口（Port），所以端口（Port）的宽度为 8，如图 7-11 所示。

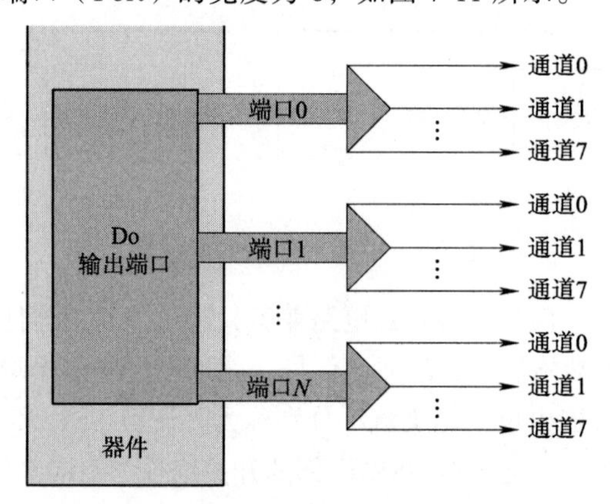

图 7-11 输出端口和通道

PCI-1710 数据采集卡一共有 16 个输出通道，名称为 Do15～Do0，因通道编程只能用字节操作，故低 8 位 Do7～Do0 为 Port0 口，编程口地址为 0，高 8 位 Do15～Do8 为 Port1 口，编程口地址为 1。板卡输出电平为 0～5 V 的 TTL 电平。通道的连接如图 7-12 所示。

Load	信号	引脚	引脚	信号
	Do0	47	13	Do1
	Do2	46	12	Do3
	Do4	45	11	Do5
	Do6	44	10	Do7
Load	Do8	43	9	Do9
	Do10	42	8	Do11
	Do12	41	7	Do13
	Do14	40	6	Do15
	DGND	39	5	DGND

图 7-12 数字量输出通道连接

PCI-1710 数据采集卡 Do 输出通道参数指标见表 7-1。

表 7-1 PCI-1710 数据采集卡 Do 输出通道参数指标

输出通道	16	
输出电压	低	最大 0.4 V @ +8.0 mA（灌电流）
	高	最小 2.4 V @ −0.4 mA（拉电流）

7.2.4　与数字量输出相关的软件编程

组件 InstantDoCtrl 类：InstantDoCtrl 提供了操作数字量静态输出的属性、事件或方法的接口。

Write 方法：立刻将一组数字值输出至指定 Do 端口或多个端口。

第一种：Write(Int32,Byte)，见表 7-2。将数据输出至指定 Do 端口。

表 7-2　Write(Int32,Byte)方法

C#语法	public ErrorCode Write(int port, byte data)
port	类型：32 位整数。 IN，指定用于输出数据的 Do 端口，范围为[0,PortsCount-1]
data	类型：8 位无符号整数。 In，需要输出的 Do 数据
返回值	返回值是一个 ErrorCode。“Success”表示无错误

C#示例	InstantDoCtrl instantDoCtrl = new InstantDoCtrl();
	instantDoCtrl.SelectedDevice = new DeviceInformation(deviceDescription);
	...
	int port = 0;
	byte data;
	//output digital data to the specified port.
	instantDoCtrl.Write(port, data)

第二种：Write(Int32,Int32,Byte[])方法，见表 7-3，根据 portStart 和 portCount 参数设置将数据输出至多个 Do 端口。

表 7-3　Write(Int32,Int32,Byte[])方法

C#语法	Public ErrorCode Write(int portStart, int portCount, byte[] data)
portStart	类型：32 位整数。 IN，指定用于输出数据的起始 Do 端口编号，范围为[0,PortsCount-1]
portCount	类型：32 位整数。 IN，指定用于输出数据的端口数，范围为[1,PortsCount]
data	类型：8 位无符号整数。 In，需要输出的 Do 数据
返回值	返回值是一个 ErrorCode。“Success”表示无错误

C#示例	InstantDoCtrl instantDoCtrl = new InstantDoCtrl();
	DeviceInformation deviceInformation = new DeviceInformation(deviceDescription);
	instantDoCtrl.setSelectedDevice(deviceInformation);
	...
	int portStart = 0;
	int portCount = 2;
	byte[] data = new byte[2];
	//output digital data to multi ports.
	instantDoCtrl.Write(portStart,portCount,data)

7.3 项目实施

任务 7-1 4 位 LED 灯控制项目

要求：选择 Do3 ~ Do0 四个通道，外接四个 LED 灯，实现对 LED 灯的控制。软件采用 C#编程，界面能够监控 LED 灯状态，编译通过后，在实训台上实施。

1. 硬件设计

如图 7-13 所示，PCI-1710 数据采集卡数字量输出端口为 TTL 电平（0 ~ 5 V），实训台上 LED 灯是 24 V 供电，因此 Do 端口不能直接驱动 LED 亮，采用 5 ~ 24 V 的功率驱动模块。

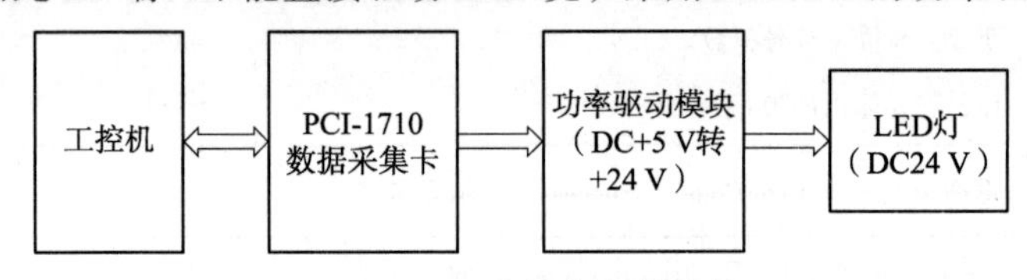

图 7-13 LED 控制硬件连接

注意：根据驱动模块设计要求，功率驱动模块的输入 COM 端接+5 V 高电平。

2. 软件设计

（1）采用 C#编程，单窗口设计。窗口界面如图 7-14 所示。

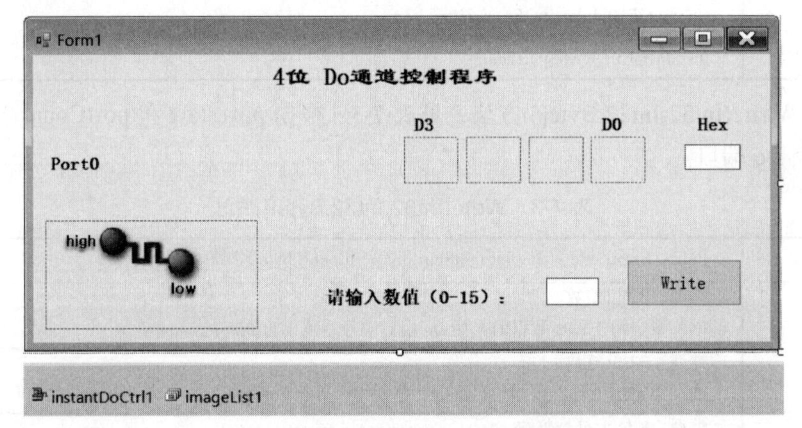

图 7-14 窗口界面

界面所需控件见表 7-4。

表 7-4 界面所需控件

控件名称	控件类型
pictureBox0 ~ pictureBox4	pictureBox
textBox1 ~ textBox2	textBox1
Button1	button
imageList1	imageList
instantDoCtrl1	instantDoCtrl

（2）编程步骤：

① 建立一个新项目。

② 添加引用文件 Automation.BDaq.dll，并在工具栏添加 Automation.BDaq.dll 中的控件。应用到程序中。

③ 在窗口程序中添加类文件。

```
using Automation.BDaq;
```

④ 根据项目要求，编制窗口界面。

⑤ 在 Form1.cs 文件中定义全局变量如下：

```
private byte portData=0x00;
private PictureBox[] m_pictureBox;
```

⑥ 双击窗口空白处，产生 Form1_load 函数，并在函数中添加如下语句：

```
this.Text = "Output D0(" + instantDoCtrl1.SelectedDevice.Description + ")";
m_pictureBox = new PictureBox[4]
{   pictureBox0, pictureBox1, pictureBox2, pictureBox3};
    for (int j = 0; j < 4; ++j)
    {
        m_pictureBox[j].Image = imageList1.Images[2];
        m_pictureBox[j].Invalidate();
    }
```

⑦ 产生 button1_Click 函数，并在函数中添加如下语句：

```
portData = Convert.ToByte(textBox1.Text);    //读取 textBox1
textBox2.Text = portData.ToString("X2");     //以十六进制数输出
for (int j = 0; j < 4; ++j)
{
    m_pictureBox[j].Image = imageList1.Images[(portData >> j) & 0x1];
    m_pictureBox[j].Invalidate();
}
instantDoCtrl1.Write(0, portData);
```

（3）编译软件通过，运行结果如图 7-15 所示。

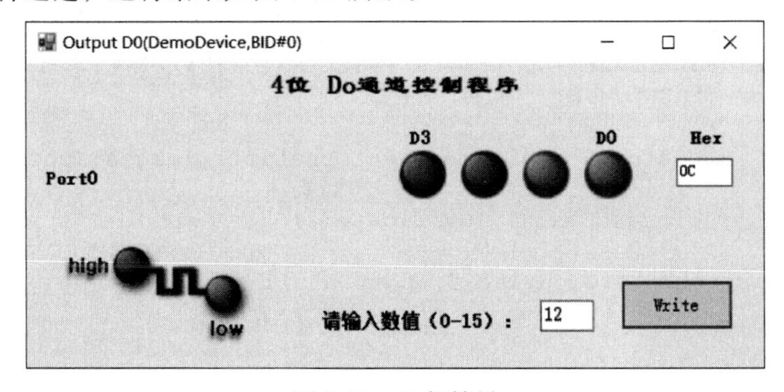

图 7-15　运行结果

（4）软件驱动器选择 PCI-1710 板卡，连接硬件，调试系统。

3. 任务拓展

选择 PCI-1710 输出端 Port0 口或者 Port1 口的 8 个 Do 通道，完成硬件连接和软件编程需要的改动和实现。

4. 主要程序

```
using System;
using System.Collections.Generic;
using System.ComponentModel;
using System.Data;
using System.Drawing;
using System.Linq;
using System.Text;
using System.Windows.Forms;
using Automation.BDaq;
namespace do_bit
{
    public partial class Form1 : Form
    {
        private byte portData=0x00;
        private PictureBox[] m_pictureBox;
        public Form1()
        {
            InitializeComponent();
        }
        private void Form1_load(object sender, EventArgs e)
        {
            this.Text = "Output DO(" +
                    instantDoCtrl1.SelectedDevice. Description + ")";
            m_pictureBox = new PictureBox[4]
            {pictureBox0, pictureBox1, pictureBox2, pictureBox3};
            for (int j = 0; j < 4; ++j)
            {
                m_pictureBox[j].Image = imageList1.Images[2];
                m_pictureBox[j].Invalidate();
            }
        }
        private void button1_Click(object sender, EventArgs e)
        {
            portData = Convert.ToByte(textBox1.Text);//读取 textBox1
            textBox2.Text = portData.ToString("X2");//以十六进制数输出
            for (int j = 0; j < 4; ++j)
            {
                m_pictureBox[j].Image = imageList1.Images[(portData >> j) &
                                         0x1];
                m_pictureBox[j].Invalidate();
            }
            instantDoCtrl1.Write(0, portData);
        }
    }
}
```

任务 7-2　8 位 LED 灯控制项目

要求：选择 8 个输出通道 Do7 ~ Do0，外接 8 个 LED 灯，实现对 LED 灯的控制。软件采用 C#编程，界面能够监控 LED 灯状态，编译通过后，在实训台上实施。

注：项目的硬件和软件都在任务 7-1 的基础上更改完成。

1. 硬件设计

见任务 7-1。

2. 软件设计

（1）采用 C#编程，单窗口设计。窗口界面如图 7-16 所示。

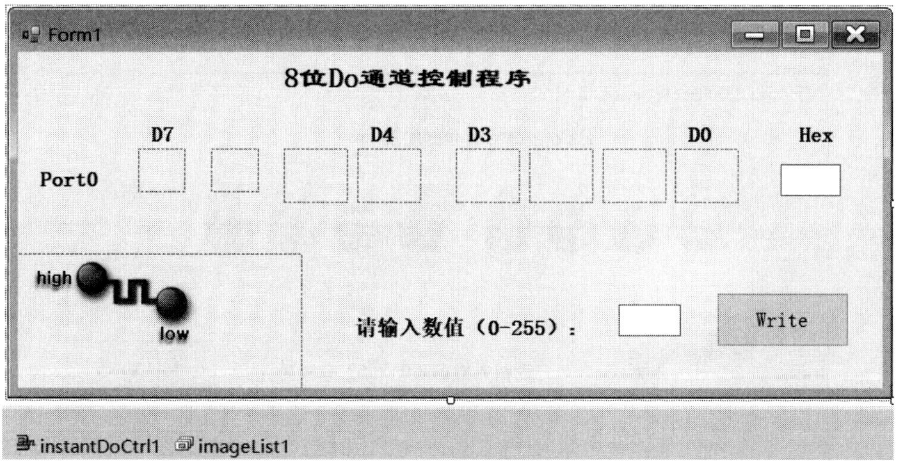

图 7-16　窗口界面

界面所需控件见表 7-5。

表 7-5　界面所需控件

控件名称	控件类型
pictureBox0 ~ pictureBox8	pictureBox
textBox1 ~ textBox2	textBox1
Button1	button
imageList1	imageList
instantDoCtrl1	instantDoCtrl

（2）编程步骤。

① 前几个步骤见任务 7-1，或者在任务 7-1 基础上更改。

② 产生 Form1_load 函数，并在函数中添加如下语句：

```
this.Text = "Output DO(" + instantDoCtrl1.SelectedDevice.Description + ")";
m_pictureBox = new PictureBox[8]
{pictureBox0, pictureBox1, pictureBox2, pictureBox3,pictureBox4, pictureBox5,
 pictureBox6, pictureBox7};
for (int j = 0; j < 8; ++j)
{
    m_pictureBox[j].Image = imageList1.Images[0];
    m_pictureBox[j].Invalidate();
}
```

③ 产生 button1_Click 函数，并在函数中添加如下语句：

```
  portData = Convert.ToByte(textBox1.Text); //读取 textBox1
```

```
textBox2.Text = portData.ToString("X2");    //以十六进制数输出
for (int j = 0; j < 8; ++j)
{
    m_pictureBox[j].Image = imageList1.Images[(portData >> j) & 0x1];
    m_pictureBox[j].Invalidate();
}
instantDoCtrl1.Write(0, portData);
```

（3）编译软件通过，运行结果如图 7-17 所示。

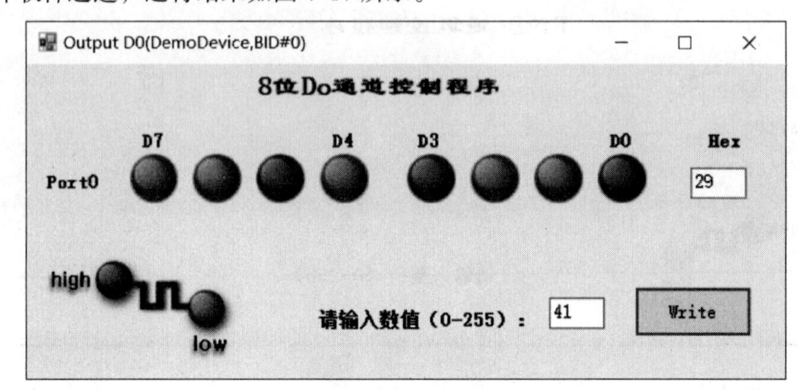

图 7-17 运行结果

（4）软件驱动器选择 PCI-1710 板卡，连接硬件，调试系统。

3. 任务拓展

（1）在编辑、编译源程序，编译通过后，更改程序，运行后功能如下：

① 窗口标题更新为“学号姓名 Do- Run（D）”（如 201900100 李三 Do- Run（D））。

② 初始化时，8 个开关显示 Disabled 状态,即显示灰色。

③ 字节显示保留 4 位十六进制字符。

（2）实现多端口控制，将控制输出端扩大到 16 个端口。试修改程序实现。

4. 主要程序

```
using System;
using System.Collections.Generic;
using System.ComponentModel;
using System.Data;
using System.Drawing;
using System.Linq;
using System.Text;
using System.Windows.Forms;
using Automation.BDaq;
namespace do_bit
{
    public partial class Form1 : Form
    {
        private byte portData=0x00;
        private PictureBox[]m_pictureBox;
        public Form1()
        {
            InitializeComponent();
```

```
        }
        private void Form1_load(object sender, EventArgs e)
        {
            this.Text = "Output DO(" + instantDoCtrl1.SelectedDevice.Description + ")";
            m_pictureBox = new PictureBox[8]
            {pictureBox0, pictureBox1, pictureBox2, pictureBox3,pictureBox4,
             pictureBox5, pictureBox6, pictureBox7};
            for (int j = 0; j < 8; ++j)
            {
                m_pictureBox[j].Image = imageList1.Images[0];
                m_pictureBox[j].Invalidate();
            }
    }
        private void button1_Click(object sender, EventArgs e)
        {
            portData = Convert.ToByte(textBox1.Text);//读取textBox1
            textBox2.Text = portData.ToString("X2");//以十六进制数输出
            for (int j = 0; j < 8; ++j)
            {
                m_pictureBox[j].Image = imageList1.Images[(portData >> j) & 0x1];
                m_pictureBox[j].Invalidate();
            }
            instantDoCtrl1.Write(0, portData);
        }
      }
  }
```

项目 8　数字量输入控制

学习目标

- 知识目标：掌握数据采集卡 PCI-1710 数字量输入端口的结构、功能和连接。掌握数字量输入端口控制项目的软件编程。
- 能力目标：能够实现对数字量数据的采集过程的硬件连接和软件编程。
- 素质目标：了解现代测试技术，适应自动化测试岗位需求。

8.1　项 目 描 述

选择 PCI-1710 数据采集卡的数字量输入端口，外接开关，实现对外部开关状态的读取。软件采用 C#编程。数字量输入控制示意图如图 8-1 所示。

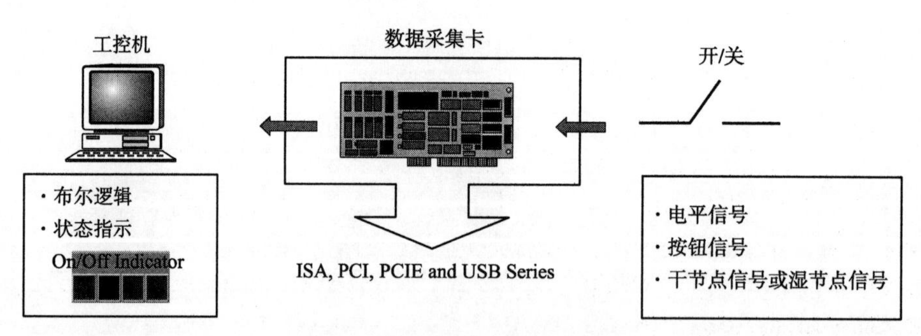

图 8-1　数字量输入控制示意图

凡在电路中起到通、断作用的各种按钮、触点、开关，其端子引出均统称开关信号。许多现场设备往往只对应于两种状态，可以采用开关输入信号进行检测。

外围设备的状态，通过数据采集卡的数字量输入通道，传送给计算机，计算机一般采用布尔逻辑信号表示，如二进制的逻辑“1”和“0”，实现读取功能。

8.2 相关知识

8.2.1 数字量输入信号调理电路

生产过程状态信号的形式可能是电压、电流、开关的触点，因此引起瞬时高压、过电压、接触抖动等现象。

未来将外部开关量信号输入计算机，必须将现场输入的状态信号经装换、保护、滤波、管理等措施转换成计算机能够接收的逻辑信号，这些功能称为信号调理。

在开关输入电路中，主要是考虑信号调理技术，如电平转换、RC 滤波、过电压保护、反电压保护、光电隔离等。电平转换是用电阻分压法把现场的电流信号转换为电压信号。RC 滤波是用 RC 滤波器滤出高频干扰。过电压保护是用稳压管和限流电阻作过电压保护；用稳压管或压敏电阻把瞬态尖峰电压钳位在安全电平上。反电压保护是串联一个二极管防止反极性电压输入。光电隔离用光耦隔离器实现计算机与外部的完全电隔离。

1. 小功率输入调理电路——开关去抖电路

积分电路：图 8-2 利用电容的放电延时，采用并联电容法，也可以实现硬件。

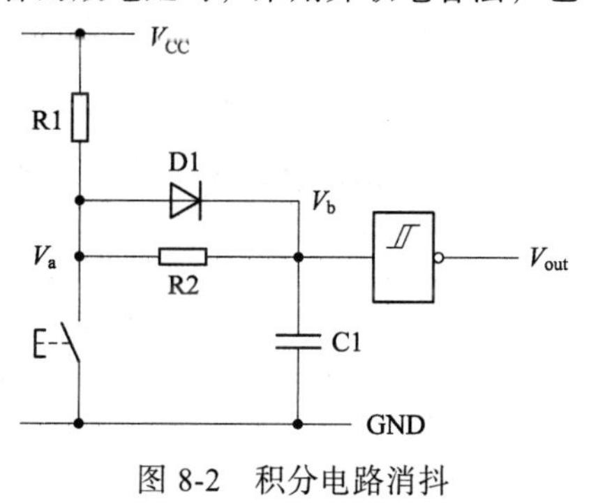

图 8-2　积分电路消抖

图 8-3 采用基本 RS 触发器消除开关两次反跳电路，一般用在单刀双掷开关，且开关数量少的情况。

图 8-3 中两个“与非”门构成一个 RS 触发器。当按键未按下时，输出为 1；当按键按下时，输出为 0。此时即使用按键的机械性能，使按键因弹性抖动而产生瞬时断开（抖动跳开 B），按键不返回原始状态 A，双稳态电路的状态不改变，输出保持为 0，不会产生抖动的波形。也就是说，即使 B 点的电压波形是抖动的，经双稳态电路之后，其输出依然为正规的矩形波。这一点通过分析 RS 触发器的工作过程很容易得到验证。

2. 大功率输入调理电路

当从电磁离合等大功率起价的接电输入信号时，为了使节点工作可靠，节点两端至少要加 24 V 以上的直流电压（因为直流电平的响应快，不易产生干扰）。但是这种电路所带电压高，因此高压和低压之间用光电耦合器进行隔离。

光电隔离：通常使用一个光耦将电子信号装换成光信号，在另一边再将光信号转换回电子信号。如此，这两个电路节可以互相隔离。

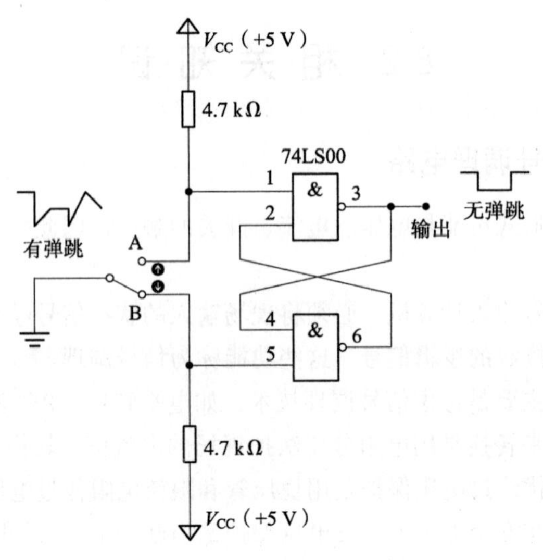

图 8-3 RS 触发器消抖电路

典型的开关量输入信号调理电路如图 8-4 和图 8-5 所示。点划线右边是由开关 S 与电源组成的外部电路，图 8-4 是直流输入电路，图 8-5 是交流输入电路。交流输入电路比直流输入电路多一个降压电容和整流桥块，可把高压交流（如 AC 380 V）变换为低压直流（如 DC 5 V）。开关 S 的状态经 RC 滤波、稳压管 D1 钳位保护、电阻 R2 限流、二极管 D2 防止反极性电压输入以及光耦隔离等措施处理后送至输入缓冲器，主机通过执行输入指令便可读取开关 S 的状态。比如,当开关 S 闭合时，输入回路有电流流过，光耦中的发光管发光，光敏管导通，数据线上为低电平，即输入信号为“0”对应外电路开关 S 的闭合；反之，开关 S 断开，光耦中的发光管无电流流过，光敏管截止，数据线上为高电平，即输入信号为“1”对应外电路开关 S 的断开。

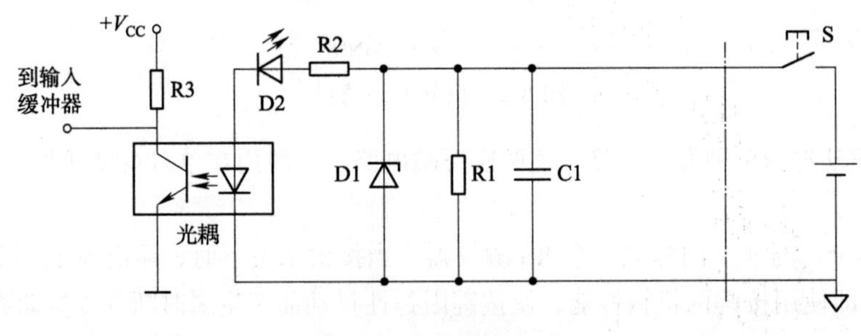

图 8-4 直流输入电路

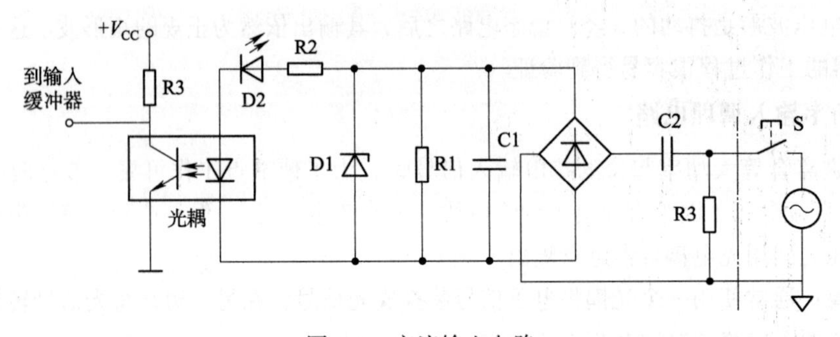

图 8-5 交流输入电路

8.2.2　数字量输入方式

TTL 电平方式（0～5 V）连接比较简单，如图 8-6 所示。

隔离输入有干节点和湿节点之分，如图 8-7 所示。

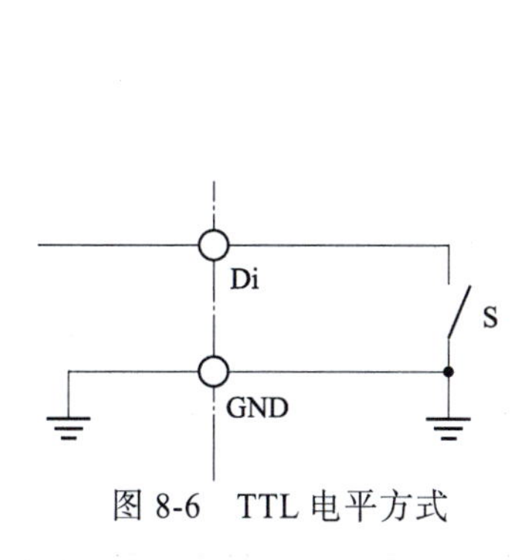

图 8-6　TTL 电平方式

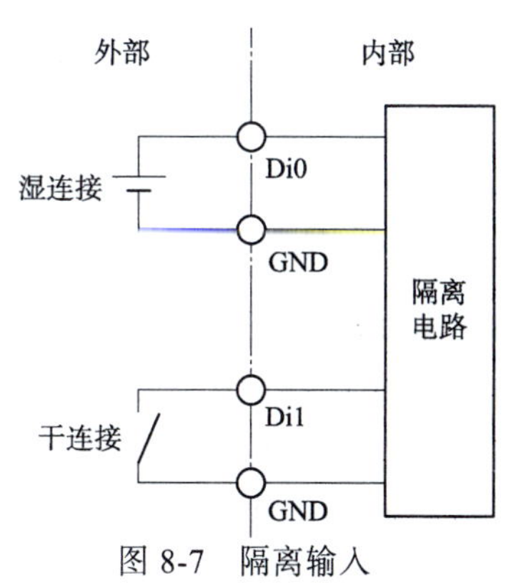

图 8-7　隔离输入

干节点即无源开关，具有闭合和断开的两种状态；两个节点之间没有极性，可以互换；

湿节点是有源开关；具有有电和无电的两种状态；两个节点之间有极性，不能反接；工业控制上，常用的湿节点的电压范围是 DC 0～30 V，比较标准的是 DC 24 V。

8.2.3　研华 PCI-1710/U 数据采集卡的数字量输入通道

PCI-1710 数据采集卡一共有 16 个输入通道，名称为 Di15～Di0，因通道编程只能用字节操作，因此低 8 位 Di7～Di0 为 Port0 口，编程口地址为 0，高 8 位 Di15～Di8 为 Port1 口。编程口地址为 1。板卡输入电平为 0～5 V 的 TTL 电平，如图 8-8 所示。

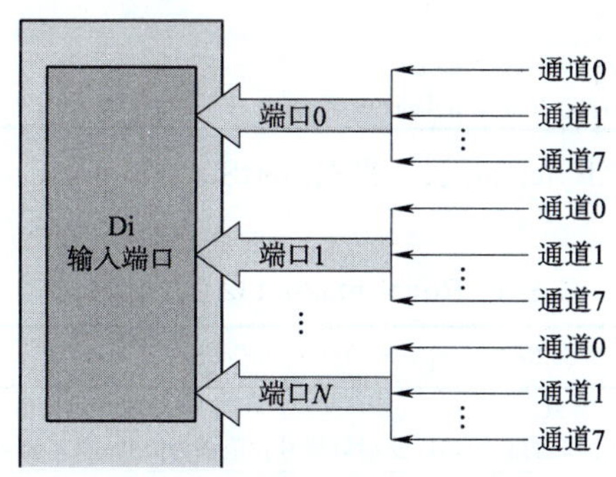

图 8-8　数字量输入的端口和通道

PCI-1710 数据采集卡 Di 输入通道参数指标见表 8-1。

表 8-1　PCI-1710 数据采集卡 Di 输入通道参数指标

输入通道	16	
输入电压	低	最大 0.4 V
	高	最小 2.4 V
输入负载	低	最大 0.4 V @ -0.2 mA
	高	最小 2.7 V @ 20 μA

数字量输入通道连接如图 8-9 所示。

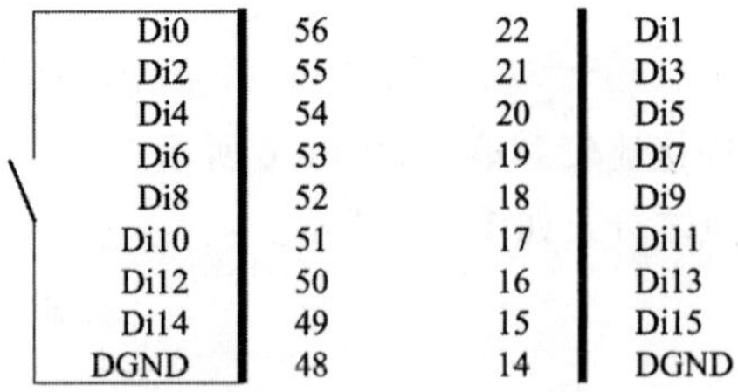

Di0	56	22	Di1
Di2	55	21	Di3
Di4	54	20	Di5
Di6	53	19	Di7
Di8	52	18	Di9
Di10	51	17	Di11
Di12	50	16	Di13
Di14	49	15	Di15
DGND	48	14	DGND

图 8-9 数字量输入通道连接

8.2.4 与数字量输入相关的软件编程

组件 InstantDiCtrl 类：InstantDoCtrl 提供了操作数字量静态读值的属性、事件或方法的接口。

Read 方法：根据 port 参数设置从单个端口读取数据，或根据 portStart 和 portCount 参数设置从多个端口读取一组数据。

第一种：Read(Int32,Byte)，读取指定 DI 端口的数据，见表 8-2。

表 8-2 Read(Int32,Byte)方法

C#语法	public ErrorCode Read(int port, out byte data)
port	类型：32 位整数。 IN，指定要读取的端口 Di 端口编号，范围为[0,PortsCount-1]
data	类型：8 位无符号整数。 OUT，返回从所选设备的特定端口读取到的数据
返回值	返回值是一个 ErrorCode。“Success”表示无错误

C#示例	InstantDiCtrl instantDiCtrl = new InstantDiCtrl();
	instantDiCtrl.SelectedDevice = new DeviceInformation(deviceDescription);
	...
	int port = 0;
	byte data;
	// Read the specified port data.
	instantDiCtrl.Read(port,out data);

第二种：Read(Int32,Int32,Byte[])方法，根据 portStart 和 portCount 参数设置从多个 Di 端口读取数据，见表 8-3。

表 8-3 Read(Int32,Int32,Byte[])方法

C#语法	Public ErrorCode Read(int portStart, int portCount, byte[] data)
portStart	类型：32 位整数。 IN，指定要读取的起始端口的端口编号，范围为[0,PortsCount-1]
portCount	IN，指定要读取的端口数量，范围为[1,PortsCount]
data	类型：8 位无符号整数。 OUT，返回从所选设备的端口（从 portStart 到 portCount）读取到的数据
返回值	返回值是一个 ErrorCode。“Success”表示无错误

C#示例	InstantDiCtrl instantDiCtrl = new InstantDiCtrl();
	instantDiCtrl.SelectedDevice = new DeviceInformation(deviceDescription);
	...
	int portStart = 0;
	int portCount = 2;
	byte []data = new byte [2];
	// Read data of multi ports.
	instantDiCtrl.Read(portStart,portCount,data);

8.3　项 目 实 施

任务 8-1　按键读取项目

要求：8 个按键，分别接入 PCI-1710 数据采集卡的数字量输入通道 Di7 ~ Di0，实现外部按键的读取。软件采用 C#编程，界面能够监控按键状态，编译通过后，在实训台上实施。

1. 硬件设计

硬件设计示意图如图 8-10 所示，PCI-1710 数据采集卡数字量输入端口为 TTL 电平(0 ~ 5 V)，实训台上按键是 24 V 供电，因此按键不能直接接入 Di 通道，需要采用 24 ~ 5 V 的电平转换模块。

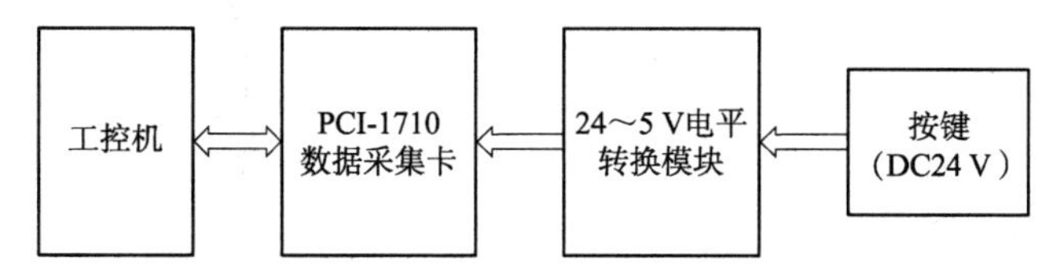

图 8-10　按键读取电路示意图

2. 软件设计

（1）采用 C#编程，单窗口设计。窗口界面如图 8-11 所示，其中 high 代表按键断开，low 代表按键闭合。

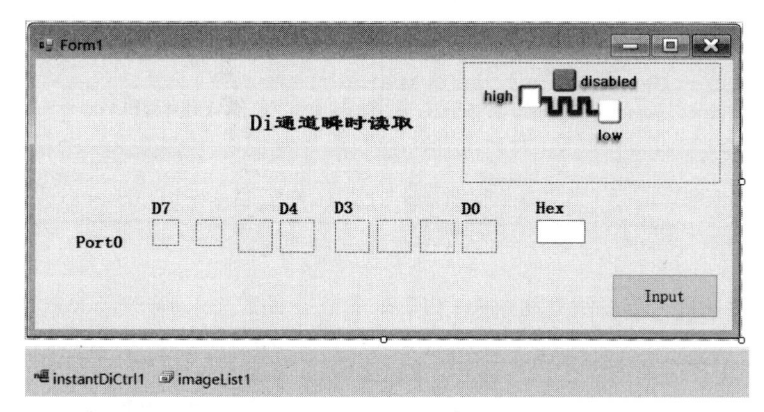

图 8-11　窗口界面

界面所需控件见表 8-4。

表 8-4　界面所需控件

控 件 名 称	控 件 类 型
instantDiCtrl1	instantDiCtrl
pictureBox0 ~ pictureBox8	pictureBox
textBox1	textBox
Button1	button
imageList1	imageList

（2）编程步骤：

① 建立一个新项目。

② 添加引用文件 Automation.BDaq.dll，并在工具栏添加 Automation.BDaq.dll 中的控件。应用到程序中。

③ 在窗口程序中添加类文件。

```
using Automation.BDaq;
```

④ 根据项目要求，编制窗口界面。

⑤ 在 Form1.cs 文件中定义全局变量如下：

```
private byte portData=0x00;
private PictureBox[]m_pictureBox;
```

⑥ 双击窗口空白处，产生 Form1_load 函数，并在函数中添加如下语句：

```
this.Text = "Input Di(" + instantDiCtrl1.SelectedDevice.Description + ")";
m_pictureBox = new PictureBox[8]
 {pictureBox0, pictureBox1, pictureBox2, pictureBox3,pictureBox4,
  pictureBox5, pictureBox6, pictureBox7};
for (int j = 0; j < 8; ++j)
{
     m_pictureBox [j].Image = imageList1.Images[0];
     m_pictureBox [j].Invalidate();
}
```

⑦ 产生 button1_Click 函数，并在函数中添加如下语句：

```
 instantDiCtrl1.Read(0, out portData);
  labelHex.Text = portData.ToString("X2");//以十六进制数输出
  for (int j = 0; j < 8; ++j)
  {
      m_pictureBox [j].Image = imageList1.Images[(portData >> j) & 0x1];
      m_pictureBox [j].Invalidate();
  }
```

（3）编译软件通过，运行结果如图 8-12 所示。

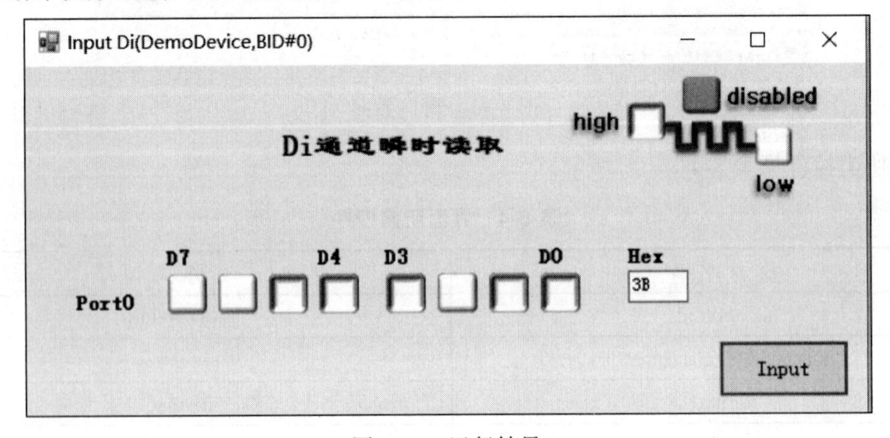

图 8-12　运行结果

（4）软件驱动器选择 PCI-1710 板卡，连接硬件，调试系统。

3. 任务拓展

（1）选择 PCI-1710 输入端 Port1 口的 8 个 Di 通道实现按键状态的显示，硬件连接和软件编程需要的改动和实现。

（2）实现 16 位的按键状态读入。

4. 主要程序

```
using System;
using System.Collections.Generic;
using System.ComponentModel;
using System.Data;
using System.Drawing;
using System.Linq;
using System.Text;
using System.Windows.Forms;
using Automation.BDaq;
namespace do_bit
{
    public partial class Form1 : Form
    {
        private byte portData=0x00;
        private PictureBox[]m_pictureBox;
        public Form1()
        {
            InitializeComponent();
        }
        private void Form1_load(object sender, EventArgs e)
        {
           this.Text = "Input Di ("+instantDiCtrl1.SelectedDevice.Description + ")";
           m_pictureBox = new PictureBox[8]
           {pictureBox0, pictureBox1, pictureBox2, pictureBox3, pictureBox4,
            pictureBox5, pictureBox6, pictureBox7};
           for (int j = 0; j < 8; ++j)
           {
                m_pictureBox[j].Image = imageList1.Images[0];
                m_pictureBox[j].Invalidate();
           }
        }
        private void button1_Click(object sender, EventArgs e)
        {
            instantDiCtrl1.Read(0, out portData);
            textBox1.Text = portData.ToString("X2");//以十六进制数输出
            for (int j = 0; j < 8; ++j)
            {
                m_pictureBox[j].Image = imageList1.Images[(portData >> j) & 0x1];
                m_pictureBox[j].Invalidate();
            }
        }
 }
```

任务 8-2　定时读取项目

要求：任务 8-1 的按键读取有限定，需要操作人员单击 Input 按钮，才能获取外部按键状态，在这种情况下，如果外部按键状态发生变化，不能及时获取。该项目是改进任务 8-1，采用定时读取的形式，随时随地读取外部按键状态。软件采用 C#编程，界面能够监控按键状态。编译通过后，在实训台上实施。

注：项目的硬件和软件都在任务 8-1 的基础上更改完成。

1. 硬件设计

见任务 8-1。

2. 软件设计

（1）采用 C#编程，单窗口设计。窗口界面如图 8-13 所示。

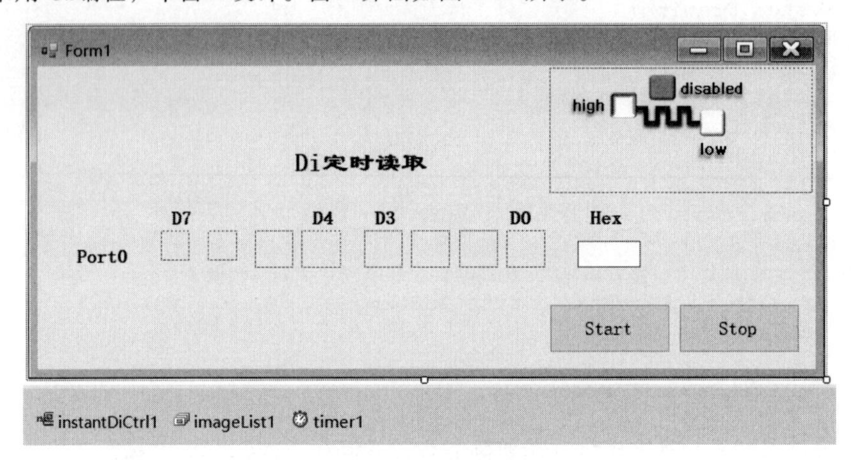

图 8-13 窗口界面

界面所需控件见表 8-5。

表 8-5 界面所需控件

控件名称	控件类型
instantDiCtrl1	instantDiCtrl
pictureBox0 ~ pictureBox8	pictureBox
textBox1	textBox
Button1	button
imageList1	imageList
timer1	timer

（2）编程步骤：

① 前几个步骤见任务 8-1，或者在任务 8-1 基础上更改。

② 产生 Form1_load 函数，并在函数中添加如下语句：

```
this.Text = "Input D0(" + instantDiCtrl1.SelectedDevice.Description + ")";
m_pictureBox = new PictureBox[8]
 {pictureBox0, pictureBox1, pictureBox2, pictureBox3,pictureBox4,
  pictureBox5, pictureBox6, pictureBox7};
for (int j = 0; j < 8; ++j)
{
```

```
        m_pictureBox[j].Image = imageList1.Images[0];
        m_pictureBox[j].Invalidate();
    }
```

③ 产生 Start_Click 函数，并在函数中添加如下语句：

```
timer1.Start();
```

④ 产生 time1_Click 函数，并在函数中添加如下语句：

```
instantDiCtrl1.Read(0, out portData);
textBox1.Text = portData.ToString("X2");//以十六进制数输出
for (int j = 0; j < 8; ++j)
{
    m_pictureBox[j].Image = imageList1.Images[(portData >> j) & 0x1];
    m_pictureBox[j].Invalidate();
}
```

⑤ 产生 Stop_Click 函数，并在函数中添加如下语句：

```
timer1.Stop();
```

（3）编译软件通过，运行结果如图 8-14 所示。

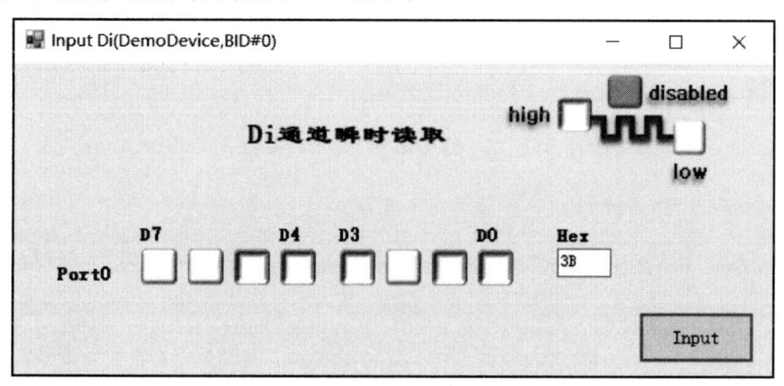

图 8-14　运行结果

（4）软件驱动器选择 PCI-1710 板卡，连接硬件，调试系统。

3. 任务拓展

编辑、编译源程序，编译通过后，更改程序，运行后功能如下：

（1）窗口标题更新为“学号姓名 Di- Run（D）”（如 201900100 李三 Di- Run（D））。

（2）初始化时，8 个通道读入状态为高电平。

（3）定时读取时间为 50 ms。

（4）读入状态字节显示保留 4 位十六进制字符。

4. 主要程序

```
using System;
using System.Collections.Generic;
using System.ComponentModel;
using System.Data;
using System.Drawing;
using System.Linq;
using System.Text;
```

```
using System.Windows.Forms;
using Automation.BDaq;

namespace do_bit
{
    public partial class Form1 : Form
    {
        private byte portData=0x00;
        private PictureBox[]m_pictureBox;
        public Form1()
        {
            InitializeComponent();
        }
        private void Form1_load(object sender, EventArgs e)
        {
            this.Text = "Input DO("+instantDiCtrl1.SelectedDevice.Description + ")";
            m_pictureBox = new PictureBox[8]
            {pictureBox0, pictureBox1, pictureBox2, pictureBox3,pictureBox4,
             pictureBox5, pictureBox6, pictureBox7};
            for (int j = 0; j < 8; ++j)
            {
                m_pictureBox[j].Image = imageList1.Images[0];
                m_pictureBox[j].Invalidate();
            }
        }
        private void button1_Click(object sender, EventArgs e)
        {
           timer1.Start();
        }
        private void timer1_Tick(object sender, EventArgs e)
        {
            instantDiCtrl1.Read(0, out portData);
            textBox1.Text = portData.ToString("X2");//以十六进制数输出
            for (int j = 0; j < 8; ++j)
            {
                m_pictureBox[j].Image = imageList1.Images[(portData >> j) & 0x1];
                m_pictureBox[j].Invalidate();
            }
        }
        private void button2_Click(object sender, EventArgs e)
        {
            timer1.Stop();
        }
    }
}
```

项目 9　模拟量输入控制

学习目标

- 知识目标：掌握数据采集卡 PCI-1710 模拟量输入端口的结构、功能和连接。掌握模拟量输入端口控制项目的软件编程。
- 能力目标：能够实现对模拟量数据采集过程的硬件连接和软件编程。
- 素质目标：了解现代测试技术，适应自动化测试岗位需求。

9.1　项 目 描 述

选择 PCI-1710 数据采集卡的模拟量输入通道，外接电压信号，实现对电压的测量。软件采用 C#编程。模拟量输入示意图如图 9-1 所示。

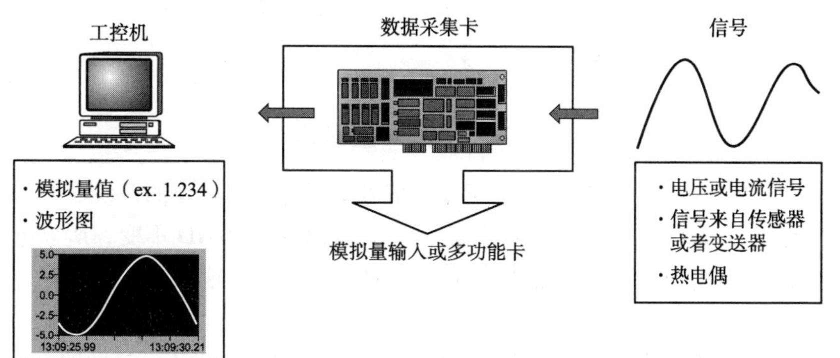

图 9-1　模拟量输入示意图

在工业控制系统中，输入信号往往是模拟量，如温度、压力、流量、液位、重量等，这就需要一个装置把模拟量信号转换成计算机可以接收的数字量信号。在实际的计算机测控系统中，基本单元就是 A-D 板卡，其结构就是模拟量输入通道。

外部需要测量的模拟量，一般是电压或者电流信号，或者来自传感器及变送器的信号，进入模拟通道测量后，数字精度主要由通道内 A/D 转换的精度决定，结果为模拟量值，或者虚拟示波器图形表示，可以展现测量的瞬时状态。

9.2 相关知识

9.2.1 模拟量输入的性能指标

1. 输入模式：单端或者差分两种模式

单端输入，输入信号均以共同的地线为基准。这种输入方法主要应用于输入信号电压较高（高于 1 V），信号源到模拟输入硬件的导线较短（低于 15 ft，1 ft=304.8 mm），且所有的输入信号共用一个基准地线。如果信号达不到这些标准，此时应该用差分输入。对于差分输入，每一个输入信号都有自有的基准地线；由于共模噪声可以被导线所消除，从而减小了噪声误差。

单端输入是判断信号与 GND 的电压差。当测量一个单端信号时，只需用一根导线将信号连接到输入端口，被测的输入电压以公共地为参考，没有地端的信号源称为“浮动”信号源，在这种模式下，设备为外部浮动信号提供一个参考地。测量单端模拟信号输入的标准连接方法，如图 9-2 所示。

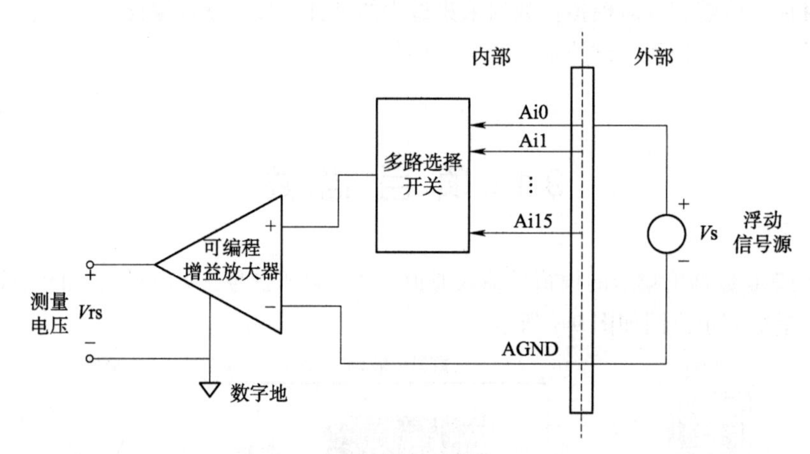

图 9-2 单端输入通道连接

差分输入时，是判断两个信号线的电压差。信号受干扰时，差分的两线会同时受影响，但电压差变化不大。（抗干扰性较佳）而单端输入的一线变化时，GND 不变，所以电压差变化较大。（抗干扰性较差）当 AD 的输入信号只有一路时，为了更好地抑制共模噪声，可以采用差分输入方式。

差分输入需要两根线分别接到两个输入通道上，测量的是两个输入端之间的电压差。测量差分模拟信号输入，标准连接方法如图 9-3 所示。

差分信号和普通的单端信号走线相比，最明显的优势体现在以下三个方面：

（1）抗干扰能力强，因为两根差分走线之间的耦合很好，当外界存在噪声干扰时，几乎是同时被耦合到两条线上，而接收端关心的只是两信号的差值，所以外界的共模噪声可以被完全抵消。

（2）能有效抑制 EMI，由于两根信号的极性相反，它们对外辐射的电磁场可以相互抵消，耦合得越紧密，泄放到外界的电磁能量越少。

（3）时序定位精确，由于差分信号的开关变化是位于两个信号的交点，而不像普通单端信号依靠高低两个阈值电压判断，因而受工艺、温度的影响小，能降低时序上的误差，同时也更适合于低幅度信号的电路。目前流行的 LVDS（Low Voltage Differential Signaling）就是指这种小振幅差分信号技术。

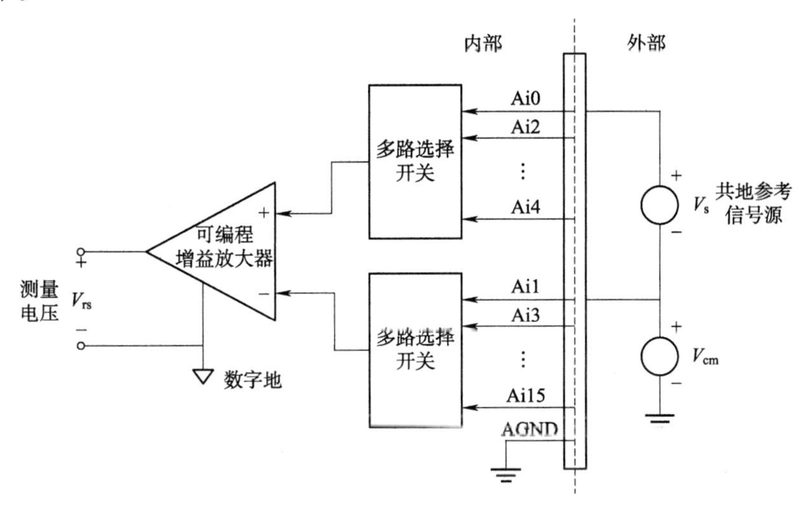

图 9-3　差分输入通道连接

2. 信号极性

对模拟量信号而言，具有单极性和双极性之分。

双极性就是信号在变化的过程中要经过“零”，单极性不过零。由于模拟量转换为数字量是有符号整数，所以双极性信号对应的数值会有负数。

也就是说，单极性信号只有正信号或只有负信号。双极性信号既有正信号也有负信号。

3. 分辨率

分辨率（Resolution）是指转换器所能分辨的被测量的最小值。通常用输出二进制代码的位数来表示。例如，八位 A/D 转换器的分辨率为 8 位，它把模拟电压的变化范围分成 2^8-1 级（255 级）。位数越多，分辨率越高。

4. 量程

量程（Range）是指允许输入模拟电压的变化范围。例如，某转换器具有 0～10 V 的单极性输入模拟电压的范围，或−5～+5 V 的双极性范围，那么，它们的量程都为 10 V。

5. 精度

精度（Precision）是指转换的结果相对于实际的偏差。精度有两种表示方法：

（1）绝对精度：用最低位（LSB）的倍数来表示，如 ±（1/2）LSB 或 ± 1 LSB 等。

如选择−10～10 V 的量程，则 0001H（16 位 A/D）对应于模拟量 $20\ \text{V}/2^{16} = 0.305\ \text{mV}$，此值即为 LSB。

（2）采集精度，用 FSB × 0.01%+1LSB 表示。

因为采集的过程不仅取决于板卡的分辨率，前段模拟信号的增益与运放对数据最终的精度非常重要，因此板卡必须给出采集精度的指标，而且不同的量程对应于不同的采集精度。例如，上例中，20 V × 0.01%+0.305 mV = 2.305 mV。研华的 AD 卡采样精度误差由两部分组成：一部分由分辨率引入；另一部分由采样量程误差引入。每块卡的手册中除了标出具体分辨率位数以外，还会标出每个不同 AD 量程对应的 Gain error。例如，PCI-1716 手册中的 Gain error 见表 9-1。

表 9-1　PCI-1716 手册中的 Gain error

Accuracy	DC	Zero (Offset) error: Adjustable to ± 1 LSB					
		Gain	0.5	1	2	4	8
		Gain error(%FSR)	0.15	0.03	0.03	0.05	0.1

若采用 0 ~ 10 V 这一量程，也就是 Gain=1 这一挡，对应的 Gain error=0.03%：相应的总采样精度约为 $0.03\%\times10\pm\dfrac{10}{65\,535}$=0.003 15(V)。

6. 采集速率（Sample Rate）

采样速率是指单位时间内对输入信号进行采样的速度，单位为 S/s（Sample per second）。大部分板卡片只有一个 ADC 器件，因此采样速率会被所有通道平分。

例如，PCI-1711 最高采集速率为 100 KS/s，那么对于每一个通道,最大传输速率= 100 kHz/通道数，对通道 0 ~ 3 采集时，最大采集速率是 100 kHz/4 = 25（kHz/通道）。

9.2.2　研华 PCI-1710/U 数据采集卡的模拟量输入通道

PCI-1710 数据采集卡具有一个 12 位的 A/D 转换器，采样率高达 100 kHz。具有 16 路单端或 8 路差分或模拟量输入结合，输入端口电压量程在−10 ~ 10 V 之间，有可编程的增益。对于高速缓存模式（Buffered），还有板载 4 KB 的 FIFO 存储器。相关引脚说明见表 6-2。

依据数据传输模式的不同，将数据的传输模式区分为瞬时模式（Instant AI）和高速缓存模式（Buffered AI）。

Instant AI：是指模拟量数据软件采样模式。软件命令触发数据转换，立即读回 AD 通道上的数据，Instant AI 所能采样的信号频率较低，因此也称低速 AI，可用于低速数据量少的情况采样。

Buffered AI：是指模拟量高速缓存采样模式，用于高速大数据量的采集。由于 Buffered AI 使用到了缓存，因此开始高速采样操作前，必须设置要采样的个数即采样缓存的大小。把采集数据传输到采样缓存，用户根据需要再做进一步的处理。Buffered AI 可分为同步数据传输、异步数据传输、有限量数据采集和循环数据采集。

Instant 和 Buffered 的区别：

Instant 是当前现象的实时反映，从数据上看是单笔数据，为实时数据。Buffered 是会先将数据依序暂存在内存中，然后再巨量地传回计算机中处理，从数据的特性来看是数组，是一个时间序列。功能描述中，Instant 是指低速，如 Instant AI 采样频率比较低，能采样的信号频率对应也比较低，而 Buffered AI 是指高速 AI。Buffered 的设计较为复杂，数据先存在缓存中，会面临 Buffer 前后两段数据传输的定义及方法问题，还会涉及触发（Trigger）、Interrupt 等问题。

（1）Instant AI 和 Buffered AI 通道连接，如图 9-4 所示。

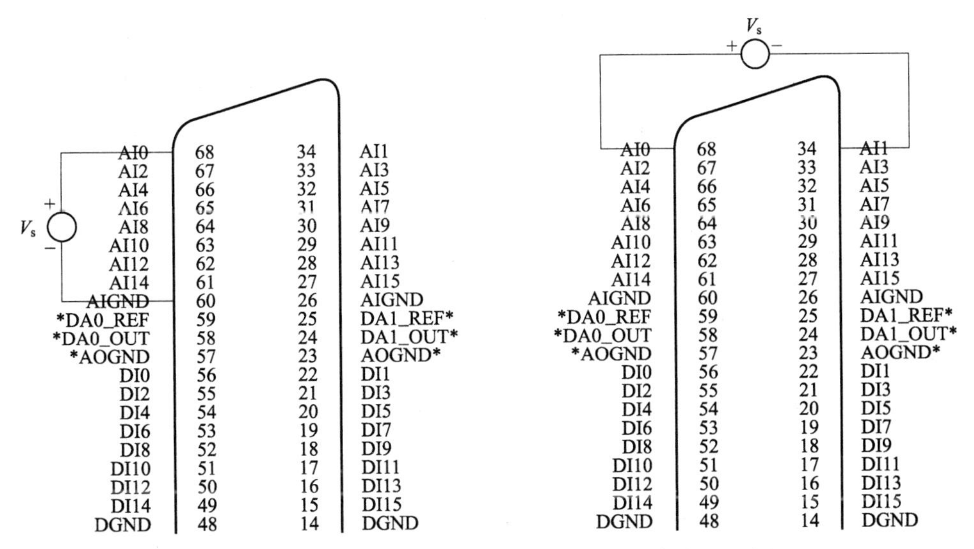

图 9-4　Instant AI 和 Buffered AI 通道连接（单端和差分）

注意：这里仅以 AI0 为例展示 AI 的信号连接方法。实际使用时，请将不连接信号的 AI 通道接地，否则可能会导致采样值的不准确。

（2）Buffered AI 触发源连接。

① 内部脉冲触发连接。PCI-1710/U 采用 82C54 兼容可编程定时器/计数器芯片，提供了三个连接至一个 10 MHz 时钟的 16 位计数器，分别为计数器 0、计数器 1 和计数器 2。计数器 0 是能够从一个输入通道或输出脉冲计量事件个数的计数器。计数器 1 和计数器 2 级联成一个 32 位定时器，用于脉冲触发。来自计数器 2 输出（PACER_OUT）的上升沿会触发 PCI-1710/U 上的一个 A/D 转换。同时，用户也可将该信号作为一个同步信号用于其他应用。

② 外部触发源连接。除了脉冲触发外，PCI-1710/U 还支持 A/D 转换的外部触发，如图 9-5 所示。当+5 V 电源连接至 TRG_GATE 时，外部触发功能启用。来自 EXT_TRG 的上升沿会触发 PCI-1710/U 上的一个 A/D 转换。当 DGND 连接至 TRG_GATE 时，外部触发功能禁用。

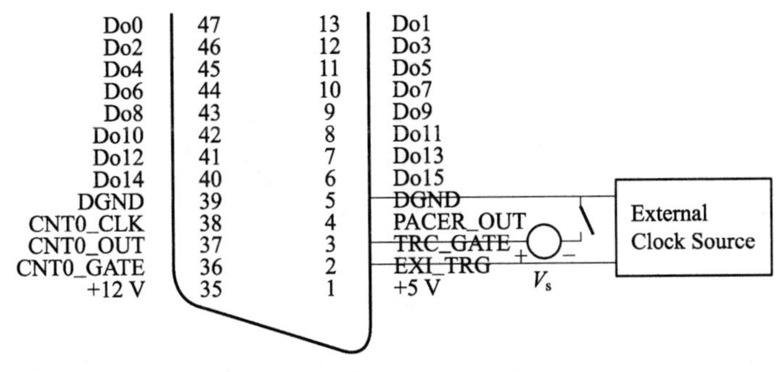

图 9-5　外部触发源连接

PCI-1710 增益码见表 9-2。

表 9-2 PCI-1710 增益码

增益	输入范围/V	B/U	增益码		
			G2	G1	G0
1	−5 ~ +5	0	0	0	0
2	−2.5 ~ +2.5	0	0	0	1
4	−1.25 ~ +1.25	0	0	1	0
8	−0.625 ~ +0.625	0	0	1	1
0.5	−10 ~ +10	0	1	0	0
1	0 ~ 10	1	0	0	0
2	0 ~ 5	1	0	0	1
4	0 ~ 2.5	1	0	1	0
8	0 ~ 1.25	1	0	1	1

9.2.3 与模拟量输入相关的软件编程

Ai 输入软件流程图如图 9-6 所示。

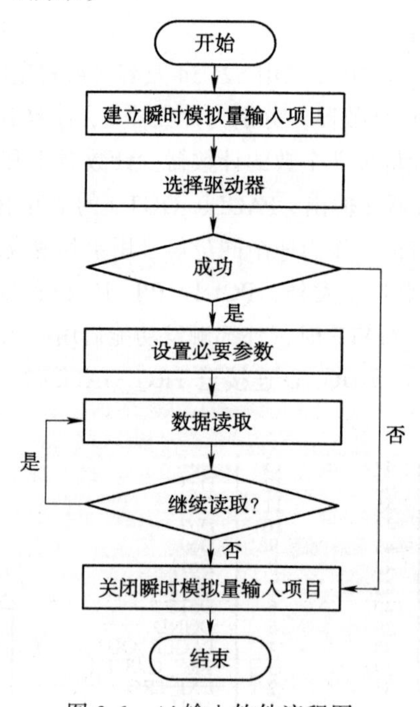

图 9-6 Ai 输入软件流程图

组件 InstantAiCtrl 类：InstantAiCtrl 提供了管理模拟量瞬时读值的属性、事件或方法的界面。模拟量瞬时读值用软件触发模式进行模拟量数据采样。数据转换由软件命令触发，并立刻从 AD 通道获取数据。

Read 方法：Read 方法立刻从设备读取模拟量数据或一组模拟量数据。

第一种：Read(Int32,Double)，读取参数一所指定的通道的值，DataScaled 类型为 double，见表 9-3。

表 9-3　Read(Int32,Double)方法

C#语法	public ErrorCode Read(int ch, out double dataScaled)
ch	类型：32 位整数。 IN，物理通道号
dataScaled	类型：double OUT，根据通道的取值范围设置接收转换格式的 AI 采样
返回值	返回值是一个 ErrorCode。“Success” 表示无错误

C#示例	InstantAiCtrl instantAiCtrl = new InstantAiCtrl();
	instantAiCtrl.SelectedDevice = new DeviceInformation(deviceDescription);
	int ch = 0;
	double dataScaled;
	// Read scaled data from the specified AI channel.
	instantAiCtrl->Read(ch,dataScaled);

第二种：Read(Int32,Int32,Double[])方法，根据 chStart 和 chCount 参数读取通道值，DataScaled 类型为 double，见表 9-4。

表 9-4　Read(Int32,Int32,Double[])方法

C#语法	public ErrorCode Read(int chStart, int chCount, double[] dataScaled)
chStart	类型：32 位整数。 IN，起始的物理通道号。有效范围为[0, ChannelCountMax-1]
chCount	类型：32 位整数。 IN，要读取的通道数。有效范围为[1, ChannelCount]。如果 chCount 参数超出范围，将调整至和用户设置的最接近的有效值
dataScaled	类型：double。 OUT，根据通道的取值范围设置，指针指向接收 AI 采样（转换格式）的缓存。缓存大小（单位为字节）不能小于 chCount 参数乘以 8（一个 double 类型的数据大小）
返回值	返回值是一个 ErrorCode。“Success” 表示无错误

C#示例	InstantAiCtrl instantAiCtrl = new InstantAiCtrl();
	instantAiCtrl.SelectedDevice=new DeviceInformation(deviceDescription);
	int chStart = 0;
	int chCount = 3;
	double [] dataScaled = new double [3];
	// 读取模拟量输入通道数据
	instantAiCtrl->Read(chStart,chCount,dataScaled);

9.3　项 目 实 施

任务 9-1　简易数字电压表项目

要求：选用 PCI-1710 的模拟量输入通道，设计一个数字电压表。要求可以选择通道，并将测得的结果在界面上显示出来。软件采用 C#编程，编译通过后，在实训台上实施。

1. 硬件设计

数字电压表示意图如图 9-7 所示。

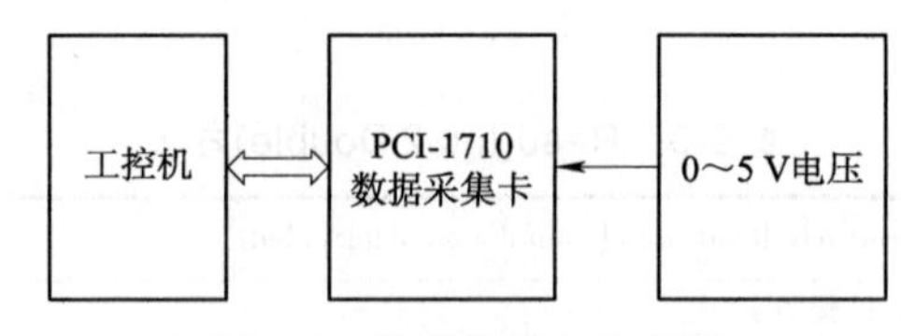

图 9-7 数字电压表示意图

2. 软件设计

（1）采用 C#编程，单窗口设计。窗口界面如图 9-8 所示。

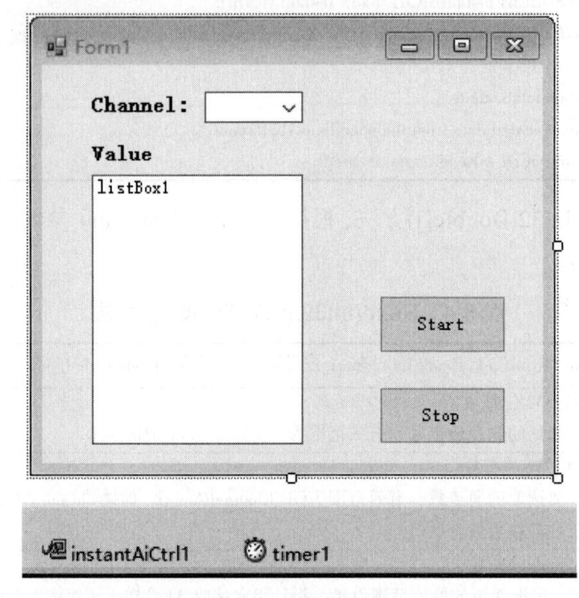

图 9-8 窗口界面

界面所需控件见表 9-5。

表 9-5 界面所需控件

控件名称	控件类型
comboBox1	comboBox
ListBox1	ListBox
Button1 ~ 2	button
timer1	timer
instantAiCtrl1	instantAiCtrl

（2）编程步骤：

① 建立一个新项目。

② 添加引用文件 Automation.BDaq.dll，并在工具栏添加 Automation.BDaq.dll 中的控件。应用到程序中。

③ 在窗口程序中添加类文件。

```
using Automation.BDaq;
```

④ 根据项目要求，编制窗口界面。

⑤ 在 Form1.cs 文件中定义全局变量如下：

```
double m_dataScaled = 0;
```

• 产生 Form1_load 函数，并在函数中添加如下语句：

```
//set title of the form.
this.Text = "AI_单通道(" + instantAiCtrl1.SelectedDevice.Description + ")";
//确定通道数
for (int i = 0; i < instantAiCtrl1.ChannelCount; ++i)
    comboBox1.Items.Add(i.ToString());
    comboBox1.SelectedIndex = 0;
```

⑥ 产生 button1_Start_Click 函数，并在函数中添加如下语句：

```
listBox1.Items.Clear();  //清除 listBox 中所有记录
timer1.Start();          //启动定时器
```

⑦ 产生 timer1Click 函数，并在函数中添加如下语句：

```
instantAiCtrl1.Read(comboBox1.SelectedIndex,out m_dataScaled);
                                                //从模拟量通道读数据
listBox1.Items.Add(m_dataScaled.ToString("F2"));  //数据在列表框显示
```

⑧ 产生 button1_Stop_Click 函数，并在函数中添加如下语句：

```
timer1.Stop();           //停止定时器
```

（3）编译软件通过，运行结果如图 9-9 所示。

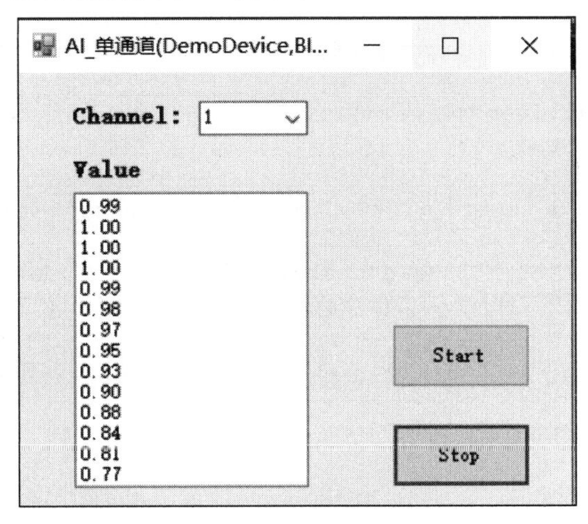

图 9-9　运行结果

（4）软件驱动器选择 PCI-1710 板卡，连接硬件，调试系统。

3. 任务拓展

（1）在瞬时模拟量输入控制中，更改各通道参数数值，观察数字电压表测量结果。

（2）采用差分信号输入，更改硬件和软件，实现测量。

（3）实现两个 Ai 端口的实时控制。

4. 主要程序

```
using System;
using System.Collections.Generic;
using System.ComponentModel;
using System.Data;
using System.Drawing;
using System.Linq;
using System.Text;
using System.Windows.Forms;
using Automation.BDaq;
namespace Ai_input
{
    public partial class Form1 : Form
    {
        double m_dataScaled = 0;
        public Form1()
        {
            InitializeComponent();
        }
        private void Form1_Load(object sender, EventArgs e)
        {
            //set title of the form.
            this.Text = "AI_单通道(" + instantAiCtrl1.SelectedDevice.Description
                                        + ")";
            //确定通道数
            for (int i = 0; i < instantAiCtrl1.ChannelCount; ++i)
                comboBox1.Items.Add(i.ToString());
                comboBox1.SelectedIndex = 0;
        }
        private void button_start_Click(object sender, EventArgs e)
        {
            listBox1.Items.Clear();
            timer1.Start();
        }
        private void timer1_Tick(object sender, EventArgs e)
        {
             instantAiCtrl1.Read(comboBox1.SelectedIndex,out m_dataScaled);
             listBox1.Items.Add(m_dataScaled.ToString("F2"));
        }
        private void button_stop_Click(object sender, EventArgs e)
        {
            timer1.Stop();
        }
    }
}
```

任务 9-2 可选量程和通道数字电压表项目

要求：任务 9-1 的通道量程，需要编程人员在程序内部设置，操作人员是不能自行设定的，这点很不方便。该项目是在应用程序界面添加菜单选项，可以由操作人员自己选择测量通道量程和输入方式，界面更加智能化。软件采用 C#编程。编译通过后，在实训台上实施。

1. 硬件设计

见任务 9-1。

2. 软件设计

（1）采用 C#编程，单窗口设计。窗口界面如图 9-10 所示。

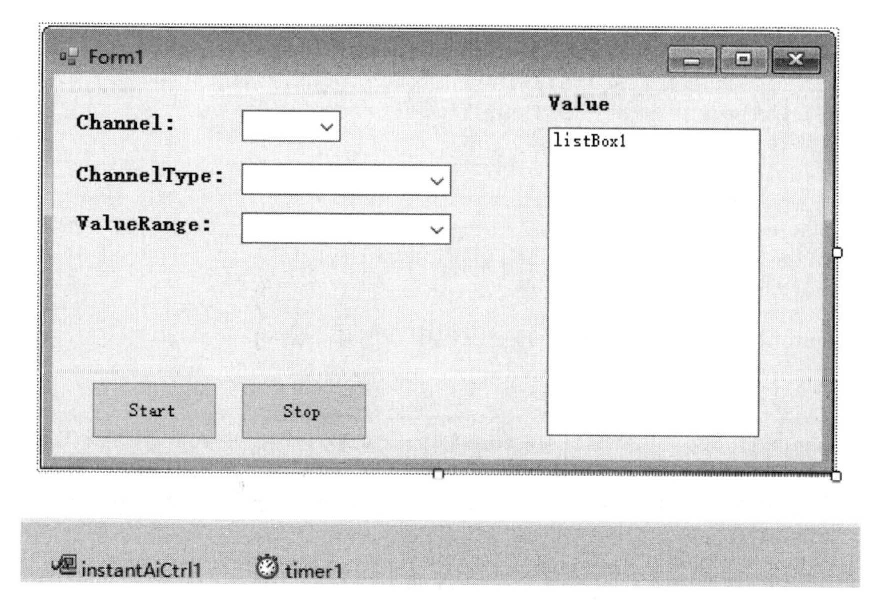

图 9-10　窗口界面

界面所需控件见表 9-6。

表 9-6　界面所需控件

控件名称	控件类型
comboBox1 ~ 3	comboBox
ListBox1	ListBox
Button1 ~ 2	button
timer1	timer
instantAiCtrl1	instantAiCtrl

（2）编程步骤：

① 前几个步骤见任务 9-1，或者在任务 9-1 基础上更改。

② 在 Form1.cs 文件中定义全局变量如下：

```
AnalogInputChannel[]m_channels = new AnalogInputChannel[16];
AiSignalType[]m_SignalType = new AiSignalType[2];
ValueRange[]m_ranges = new ValueRange[8];
double m_dataScaled = 0;
```

③ 产生 Form1_load 函数，并在函数中添加如下语句：

```
//set title of the form.
this.Text = "AI_单通道(" + instantAiCtrl1.SelectedDevice.Description + ")";
```

```
//确定通道
m_channels = instantAiCtrl1.Channels;
//确定选择通道
for (int i = 0; i < instantAiCtrl1.ChannelCount; ++i)
comboBox1.Items.Add(i.ToString());
comboBox1.SelectedIndex = 0;
//确定选择通道的输入方式
m_SignalType[0] = AiSignalType.SingleEnded;
m_SignalType[1] = AiSignalType.Differential;
comboBox2.Items.Add(m_SignalType[0].ToString());
comboBox2.Items.Add(m_SignalType[1].ToString());
comboBox2.SelectedIndex = 0;
//设置通道取值量程
m_ranges = instantAiCtrl1.Features.ValueRanges;
for (int i = 0; i < 8; ++i)
    comboBox3.Items.Add(m_ranges[i].ToString());
    comboBox3.SelectedIndex = 0 ;
```

④ 产生 button1_Start_Click 函数，并在函数中添加如下语句：

```
m_channels[comboBox1.SelectedIndex].ValueRange =
            m_ranges[comboBox3. SelectedIndex];
m_channels[comboBox1.SelectedIndex].SignalType =
            m_SignalType[comboBox2. SelectedIndex];
listBox1.Items.Clear();;
timer1.Start();
```

⑤ 产生 timer1_Click 函数，并在函数中添加如下语句：

```
instantAiCtrl1.Read(comboBox1.SelectedIndex, out m_dataScaled);
listBox1.Items.Add(m_dataScaled.ToString("F2"));
```

⑥ 产生 button1_Stop_Click 函数，并在函数中添加如下语句：

```
timer1.Stop();
```

（3）编译软件通过，运行结果如图 9-11 所示。

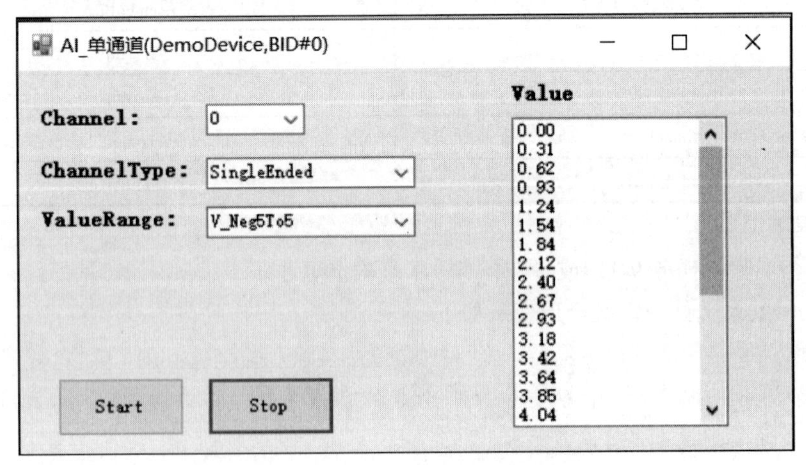

图 9-11 运行结果

（4）软件驱动器选择 PCI-1710 板卡，连接硬件，调试系统。

3. 任务拓展

（1）在源程序编译运行成功后，对程序做如下更改，并实现：

① 窗口标题更新为“学号姓名 Ai- Run（D）”（如 201900100 李三 Run（D））。

② 通道下拉菜单中只保留 0 ~ 4 通道。

③ 程序初始化时，界面默认显示通道为“0 通道”、单端输入、量程为 0 ~ 5 V。

④ 定时读取时间为 50 ms。

⑤ 模拟量显示数值保留 3 位小数。

（2）实现两个 Ai 端口的实时控制。

4. 主要程序

```
using System;
using System.Collections.Generic;
using System.ComponentModel;
using System.Data;
using System.Drawing;
using System.Linq;
using System.Text;
using System.Windows.Forms;
using Automation.BDaq;
namespace Ai_input
{
    public partial class Form1 : Form
    {
        AnalogInputChannel[]m_channels = new AnalogInputChannel[16];
        AiSignalType[]m_SignalType = new AiSignalType[2];
        ValueRange[]m_ranges = new ValueRange[8];
        double m_dataScaled = 0;
        public Form1()
        {
            InitializeComponent();
        }
        private void Form1_Load(object sender, EventArgs e)
        {
            //set title of the form.
            this.Text = "AI_单通道(" + instantAiCtrl1.SelectedDevice.
                        Description + ")";
            //确定通道
             m_channels = instantAiCtrl1.Channels;
            //确定选择通道
            for (int i = 0; i < instantAiCtrl1.ChannelCount; ++i)
                comboBox1.Items.Add(i.ToString());
                comboBox1.SelectedIndex = 0;
            //确定选择通道的输入方式
            m_SignalType[0] = AiSignalType.SingleEnded;
            m_SignalType[1] = AiSignalType.Differential;
            comboBox2.Items.Add(m_SignalType[0].ToString());
            comboBox2.Items.Add(m_SignalType[1].ToString());
            comboBox2.SelectedIndex = 0;
            //设置通道取值量程
            m_ranges = instantAiCtrl1.Features.ValueRanges;
            for (int i = 0; i < 8; ++i)
                comboBox3.Items.Add(m_ranges[i].ToString());
```

```
            comboBox3.SelectedIndex = 0 ;
          }
        private void button_start_Click(object sender, EventArgs e)
        {
           m_channels[comboBox1.SelectedIndex].SignalType =
                       m_SignalType [comboBox2.SelectedIndex];
           m_channels[comboBox1.SelectedIndex].ValueRange =
                       m_ranges [comboBox3.SelectedIndex];
            listBox1.Items.Clear();;
            timer1.Start();
        }
        private void timer1_Tick(object sender, EventArgs e)
        {
            instantAiCtrl1.Read(comboBox1.SelectedIndex, out m_dataScaled);
            listBox1.Items.Add(m_dataScaled.ToString("F2"));
        }
        private void button_stop_Click(object sender, EventArgs e)
        {
            timer1.Stop();
        }
    }
}
```

任务 9-3 数字示波器项目

要求：根据任务 9-2 内容更改，在显示电压表测量数值的基础上，增加虚拟示波器显示屏，测量数值在显示屏上，以曲线的形式展示。测量数据瞬时直观。软件采用 C#编程。编译通过后，在实训台上实施。

1. 硬件设计

见任务 9-1。

2. 软件设计

（1）采用 C#编程，单窗口设计。窗口界面如图 9-12 所示。

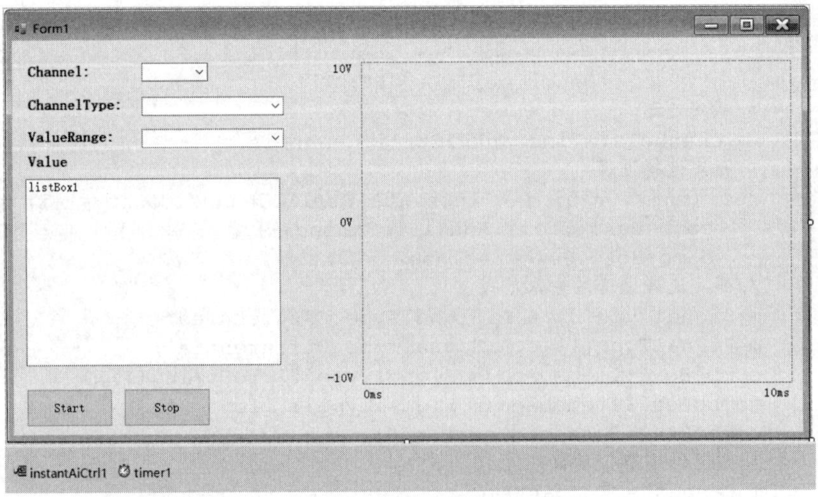

图 9-12 窗口界面

界面所需控件见表 9-7。

表 9-7　界面所需控件

控件名称	控件类型
comboBox1 ~ 3	comboBox
ListBox1	ListBox
Button1 ~ 2	button
timer1	timer
instantAiCtrl1	instantAiCtrl
PictureBox1	PictureBox

控件	Name	text
Label	Labely_max	10 V
Label	Labely_mid	0 V
Label	Labely_min	-10 V
Label	Labelx_min	0 ms
Label	Labelx_max	10 ms

（2）编程步骤：

① 前几个步骤见任务 9-1，或者在任务 9-1 基础上更改。

② 在项目中添加现有项文件 SimpleGraph.cs。

③ 在 Form1.cs 文件中定义全局变量如下：

```
#region fields
AnalogInputChannel[]m_channels = new AnalogInputChannel[16];
AiSignalType[]m_SignalType = new AiSignalType[2];
ValueRange[]m_ranges = new ValueRange[8];
double m_dataScaled = 0;
SimpleGraph m_simpleGraph;
double[]m_data=new double[1];
#endregion
```

④ 产生 Form1_load 函数，并在函数中添加如下语句：

```
//initialize a graph with a picture box control to draw Ai data.
m_simpleGraph = new SimpleGraph(pictureBox.Size, pictureBox);
//set title of the form.
this.Text = "AI_单通道(" + instantAiCtrl1.SelectedDevice.Description + ")";
//确定通道
m_channels = instantAiCtrl1.Channels;
//确定选择通道
for (int i = 0; i < instantAiCtrl1.ChannelCount; ++i)
    comboBox1.Items.Add(i.ToString());
    comboBox1.SelectedIndex = 0;
//确定选择通道的输入方式
m_SignalType[0] = AiSignalType.SingleEnded;
m_SignalType[1] = AiSignalType.Differential;
```

```
comboBox2.Items.Add(m_SignalType[0].ToString());
comboBox2.Items.Add(m_SignalType[1].ToString());
comboBox2.SelectedIndex = 0;
m_channels[comboBox1.SelectedIndex].SignalType =
            m_SignalType [comboBox2.SelectedIndex];
//设置通道取值量程
m_ranges = instantAiCtrl1.Features.ValueRanges;
for (int i = 0; i < 8; ++i)
   comboBox3.Items.Add(m_ranges[i].ToString());
   comboBox3  SelectedIndex = 0 ;
m_channels[comboBox1.SelectedIndex].ValueRange =
            m_ranges[comboBox3. SelectedIndex];
ConfigureGraph();
```

⑤ 在程序中插入自定义函数：

```
private void ConfigureGraph()
{
   m_simpleGraph.XCordTimeDiv = 1000;   //每个横格间隔表示
   string[] X_rangeLabels = new string[2];//定义字符数组
   Helpers.GetXCordRangeLabels(X_rangeLabels,5, 0, TimeUnit.Second);
                                          // 5，0 放在数组中，单位为秒
   labelx_max.Text = X_rangeLabels[0];
   labelx_min.Text = X_rangeLabels[1];
   ValueUnit unit = (ValueUnit)(-1); // Don't show unit in the label.
   string[] Y_CordLables = new string[3];
   Helpers.GetYCordRangeLabels(Y_CordLables, 10, -10, unit);
   labely_max.Text = Y_CordLables[0];
   labely_min.Text = Y_CordLables[1];
   labely_mid.Text = Y_CordLables[2];
   m_simpleGraph.YCordRangeMax =10;
   m_simpleGraph.YCordRangeMin = -10;
   m_simpleGraph.Clear();
}
```

⑥ 产生 button1_Start_Click 函数，并在函数中添加如下语句：

```
m_channels[comboBox1.SelectedIndex].ValueRange =
            m_ranges[comboBox3. SelectedIndex];
m_channels[comboBox1.SelectedIndex].SignalType =
            m_SignalType[comboBox2. SelectedIndex];
listBox1.Items.Clear();;
timer1.Start();
```

⑦ 产生 timer1Click 函数，并在函数中添加如下语句：

```
instantAiCtrl1.Read(comboBox1.SelectedIndex, out m_dataScaled);
listBox1.Items.Add(m_dataScaled.ToString("F2"));
m_data[0] = m_dataScaled;
m_simpleGraph.Chart(m_data, 1, 1, 1.0 * timer1.Interval  / 5000);
```

⑧ 产生 button1_stop_Click 函数，并在函数中添加如下语句：

```
timer1.Stop();
```

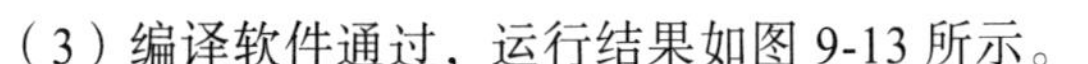
（3）编译软件通过，运行结果如图 9-13 所示。

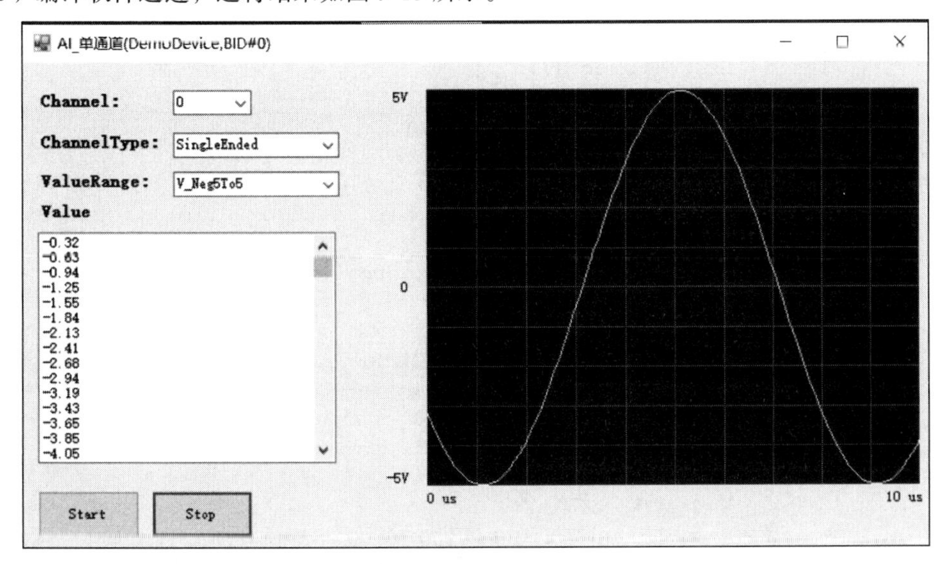

图 9-13　运行结果

（4）软件驱动器选择 PCI-1710 板卡，连接硬件，调试系统。

3. 任务拓展

在源程序编译运行成功后，对程序做如下更改，并实现：

（1）窗口标题更新为“学号姓名　Ai-Run（D）”（如 201900100 李三　Di-Run（D））。

（2）示波器纵坐标显示量程为-2.5 ~ 2.5 V。

（3）示波器横坐标显示量程为 0 ~ 10 μs。

（4）示波器一个屏幕显示大约 4 个周期波形。

4. 主要程序

```
using System;
using System.Collections.Generic;
using System.ComponentModel;
using System.Data;
using System.Drawing;
using System.Linq;
using System.Text;
using System.Windows.Forms;
using Automation.BDaq;
namespace Ai_input
{
    public partial class Form1 : Form
    {
        #region fields
        AnalogInputChannel[]m_channels = new AnalogInputChannel[16];
        AiSignalType[]m_SignalType = new AiSignalType[2];
        ValueRange[]m_ranges = new ValueRange[8];
        double m_dataScaled = 0;
        SimpleGraph m_simpleGraph;
        double[]m_data=new double[1];
```

```
#endregion
public Form1()
{
    InitializeComponent();
}
private void Form1_Load(object sender, EventArgs e)
{
    //initialize a graph with a picture box control to draw Ai data.
    m_simpleGraph = new SimpleGraph(pictureBox.Size, pictureBox);
    //set title of the form.
    this.Text = "AI_单通道(" + instantAiCtrl1.SelectedDevice.
                Description + ")";
    //确定通道
     m_channels = instantAiCtrl1.Channels;
    //确定选择通道
    for (int i = 0; i < instantAiCtrl1.ChannelCount; ++i)
        comboBox1.Items.Add(i.ToString());
        comboBox1.SelectedIndex = 0;
    //确定选择通道的输入方式
    m_SignalType[0] = AiSignalType.SingleEnded;
    m_SignalType[1] = AiSignalType.Differential;
    comboBox2.Items.Add(m_SignalType[0].ToString());
    comboBox2.Items.Add(m_SignalType[1].ToString());
    comboBox2.SelectedIndex = 0;
    m_channels[comboBox1.SelectedIndex].SignalType =
                m_SignalType [comboBox2.SelectedIndex];
    //设置通道取值量程
    m_ranges = instantAiCtrl1.Features.ValueRanges;
    for (int i = 0; i < 8; ++i)
        comboBox3.Items.Add(m_ranges[i].ToString());
        comboBox3.SelectedIndex = 0 ;
    m_channels[comboBox1.SelectedIndex].ValueRange =
                m_ranges [comboBox3.SelectedIndex];
    ConfigureGraph();
}
private void ConfigureGraph()
{
    m_simpleGraph.XCordTimeDiv = 1000;  //每个横格间隔表示
    string[] X_rangeLabels = new string[2];//定义字符数组
    Helpers.GetXCordRangeLabels(X_rangeLabels,10, 0,
                    TimeUnit. Microsecond);// 5, 0放在数组中，单位为秒
    labelx_max.Text = X_rangeLabels[0];
    labelx_min.Text = X_rangeLabels[1];
    ValueUnit unit = (ValueUnit) (1) ; // Don't show unit in the label.
    string[] Y_CordLables = new string[3];
    Helpers.GetYCordRangeLabels(Y_CordLables,5, -5, unit);
    labely_max.Text = Y_CordLables[0];
    labely_min.Text = Y_CordLables[1];
    labely_mid.Text = Y_CordLables[2];
    m_simpleGraph.YCordRangeMax =5;
    m_simpleGraph.YCordRangeMin = -5;
    m_simpleGraph.Clear();
}
private void button_start_Click(object sender, EventArgs e)
{
```

```
        m_channels[comboBox1.SelectedIndex].ValueRange =
                     m_ranges [comboBox3.SelectedIndex];
        m_channels[comboBox1.SelectedIndex].SignalType =
                     m_SignalType [comboBox2.SelectedIndex];
         listBox1.Items.Clear();;
         timer1.Start();
      }
      private void timer1_Tick(object sender, EventArgs e)
      {
         instantAiCtrl1.Read(comboBox1.SelectedIndex, out m_dataScaled);
         listBox1.Items.Add(m_dataScaled.ToString("F2"));
         m_data[0] = m_dataScaled;
         m_simpleGraph.Chart(m_data, 1, 1, 1.0 * timer1.Interval / 2500);
      }
      private void button_stop_Click(object sender, EventArgs e)
      {
         timer1.Stop();
      }
   }
}
```

项目 10 模拟量输出控制

学习目标

- 知识目标：掌握数据采集卡 PCI-1710 模拟量输出端口的结构、功能和连接。掌握模拟量输出端口控制项目的软件编程。
- 能力目标：能够实现对模拟量数据采集过程的硬件连接和软件编程。
- 素质目标：了解现代测试技术，适应自动化测试岗位需求。

10.1 项 目 描 述

由计算机产生波形，选择 PCI-1710 数据采集卡的模拟量输出通道，实现各种电压或波形的输出。软件采用 C#编程，如图 10-1 所示。

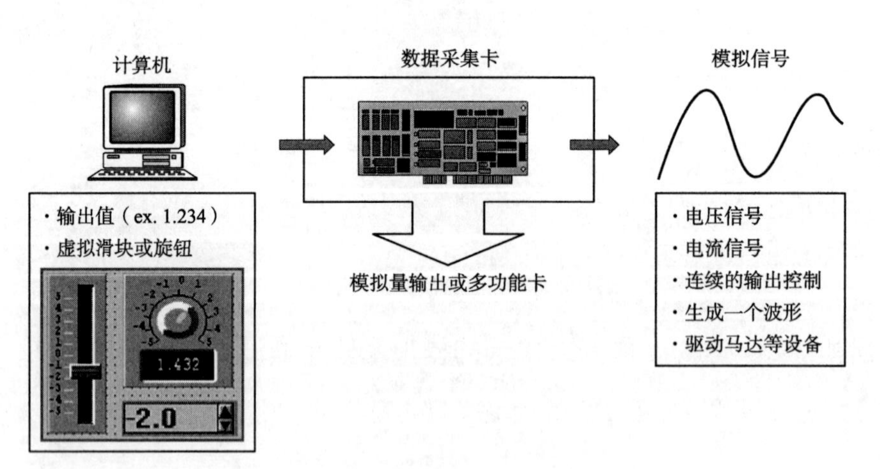

图 10-1 模拟量输出示意图

在工业控制系统中，许多执行机构所需的控制信号是模拟量，如电机、调节阀、电子器件等，这就需要一个装置将数字量信号转换为模拟量信号。在实际的计算机测控系统中，基本单元就是 D/A 板卡，其结构就是模拟量输出通道。

执行装置需要的模拟量，一般是电压或者电流信号，也可能是一个连续输出的各种波形，计算机利用自身强大的计算功能，产生数字量波形模型，通过模拟量输入通道转换成模拟量值输出，数字精度主要由通道内的 D/A 转换器决定，结果为模拟量电压或电流值，或者各种连续波形的形式输出。可以展现输出信号的瞬时状态。

10.2 相关知识

10.2.1 模拟量输出的性能指标

1. 信号极性

对模拟量输出信号而言，同样具有单极性和双极性之分。单极性信号就是只有正信号或只有负信号。双极性信号就是既有正信号也有负信号。

2. 满量程

满量程是指输入数字量全为 1，再在最低位加 1 时的模拟量输出。

3. 分辨率

分辨率（Resolution）是指 D/A 转换器能分辨的最小输出模拟增量，即当输入数字发生单位数码变化时所对应输出模拟量的变化量，它取决于能转换的二进制位数，数字量位数越多，分辨率也就越高。其分辨率与二进制位数 n 呈下列关系：

$$分辨率 = 满刻度值/(2^n-1)=VREF/2^n$$

有时也用 DAC 的位数表示分辨率，如 8 位、10 位、12 位 DAC 的分辨率。

4. 绝对精度

绝对精度（简称精度）是指对应于满刻度的数字量，DAC 的实际输出与理论值之间的误差。绝对精度是由 DAC 的增益误差、零点误差（数字量输入为全 0 的是 DAC 的输出）、非线性误差和噪声引起的。

5. 转换时间

D/A 转换器的转换时间，是指从接收一组数字量，到完成转换输出模拟量这一过程所需要的时间。由于 D/A 转化器并行接收数字量输入，每位代码是同时转换为模拟量的，所以这种转换的速度很快，一般为微秒级，有的可短到几十纳秒。

10.2.2 研华 PCI-1710/U 数据采集卡的模拟量输出通道

PCI-1710 数据采集卡具有一个 12 位的 D/A 转换器，提供了两个模拟量输出通道，分别是 DA0 和 DA1。

D/A 转换将输入的二进制数字量转换成模拟量，以电压或电流的形式输出。可用输入二进制数字量的位数 n 表示 D/A 转换的分辨率。在特定的输出电压范围，较高的分辨率可以缩小输出电压增量的步进值，因此可以产生更平滑的变化信号。

参考电压是指 D/A 转换时的基准电压，用于产生准确的输出。从 AO 运行原理而言，硬件本身并不清楚实际所输出的电压是多少，因此需要一个参考电压作为想要输出电压的比率。

参考电压的来源有内部及外部，依据参考方式的不同分为单极性（uni-polar）、双极性（bi-polar），以及正极性、负极性。

（1）单极性：是指 D/A 转换，数字量转换后的模拟量是同一极性的，如输出电压为 0 ~ +Vm 或是–Vm ~ 0。

（2）双极性：是指 D/A 转换，数字量转换后的模拟量是不同极性，如输出电压为–Vm ~ +Vm。

（3）正极性：是指数字量转换后的模拟量是单极性的，且为正电压，如输出电压为 0 ~ +Vm。

（4）负极性：是指数字量转换后的模拟量是单极性的，且为负电压，如输出电压为–Vm ~ 0。

一般“参考电压值”代表的是输出电压的最大值。例如，分辨率为 12 的 D/A 转换，参考电压为 8 V，双极性，则电压输出范围是–8 ~ 8 V，若需要输出 5 V 的电压值，则 D/A 转换的数字量为

$$\frac{2^{12}-1}{8-(-8)}\times[5-(-8)]=3\,327$$

参考电压为 5 V，单极性，若为正极性的参考方式，则输出范围为 0 ~ 5 V，D/A 转换的数字量为 FFF，模拟量输出为 5 V；若为负极性的参考方式，则输出范围为–5 ~ 0 V，D/A 转换的数字量为 FFF，模拟量输出为–5 V。

以 PCI-1712 的模拟量输出为例，图 10-2 显示如何进行模拟输出外部参考电压输入连接。用户可以通过设置外部参考电压来设置 D/A 输出范围，外部参考输入范围为 0 ~ 10 V。Ao0_REF 和 Ao1_REF，在地和参考电压连接点间连接一个 7 V 的外部电压，产生 0 ~ 7 V 的单极性模拟量转换输出，和–7 ~ +7 V 的双极。

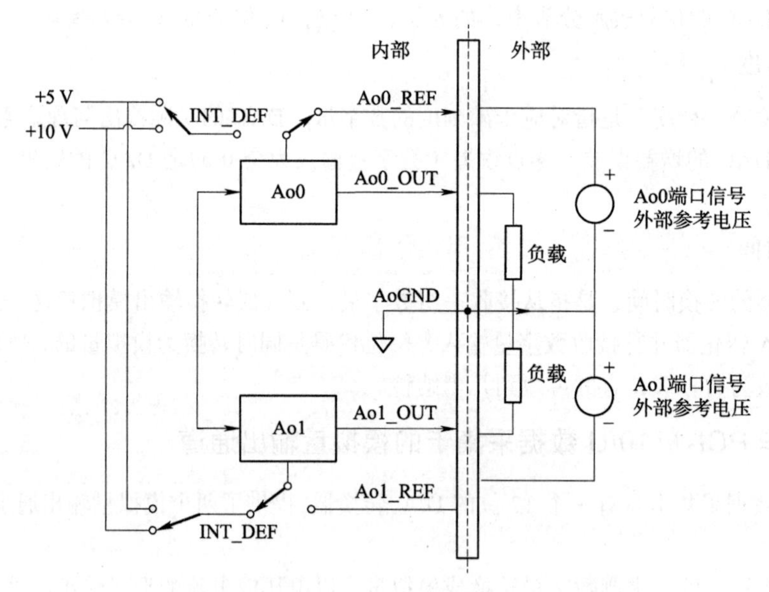

图 10-2 模拟量输出外部参考电压连接

模拟量输出通道连接如图 10-3 所示。

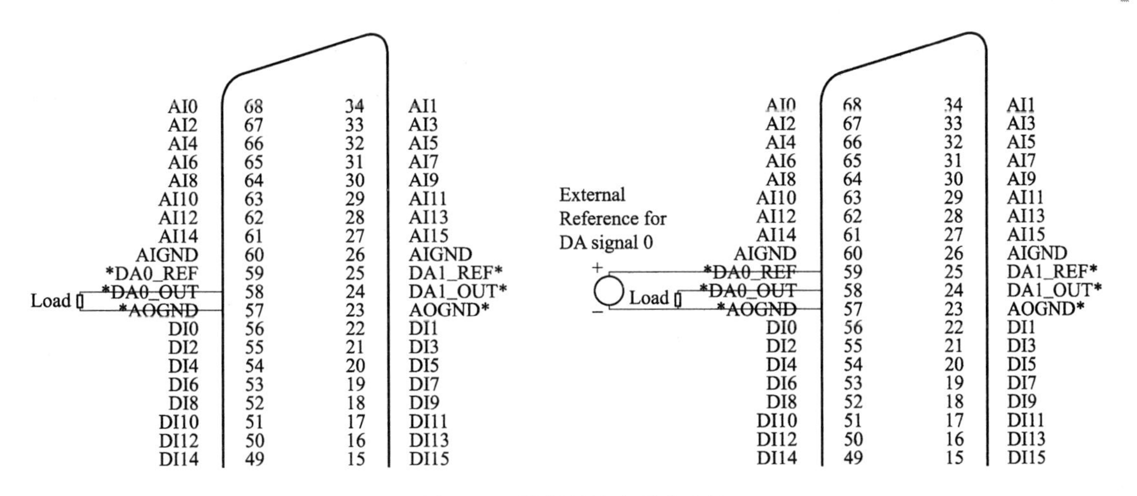

图 10-3　模拟量输出通道连接

PCI-1710 模拟量输出通道参数见表 10-1。

表 10-1　PCI-1710 模拟量输出通道参数

通道	2	
分辨率	12 位	
输出范围（内部&外部参考）	采用内部参考	0 ~ 5 V，0 ~ 10 V
	采用外部参考	0 ~ +x V @ +x V（−10 x 10）
精确度	相对	±0.5 LSB
	差分非线性	±0.5 LSB （单调）
增益误差	调整至 0	
转换率	10 V/μs	
偏移	40×10^{-6}/℃	
驱动能力	3 mA	
最大更新率	100 k 个采样/s	
数字速率	5 MHz	
建立时间	26 μs	
参考电压	内部	−5 ~ 5 V
	外部	−10 ~ 10 V

10.2.3　与模拟量输出相关的软件编程

模拟量输出的模式有 Buffered AO 和 Static AO。

Buffered AO 是指模拟量高速缓存输出模式，用于高速大数据量的输出。高速模拟量输出操作开始前，准备数据传输到缓存区(Buffer)，驱动程序将缓冲区提供的数据输出。Buffered AO 可分为同步单次波形输出、非同步单次波形输出，连续波形输出。

Static AO 又称 Instant AO，是指模拟量软件输出模式。软件命令触发数据转换，立即通过 DA 通道输出数据。Static AO 的输出频率较低，也称低速 AO。Static AO 的操作流程如图 10-4 所示。

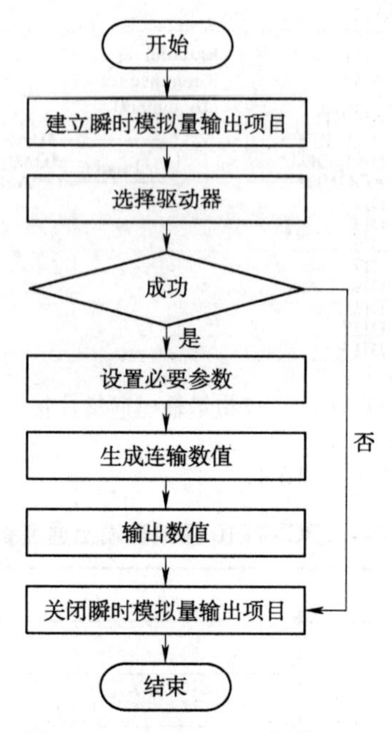

图 10-4　Static AO 的操作流程

组件 InstantAoCtrl 类：模拟量静态输出能够按照软件命令通过触发数据输出实现一个模拟量输出。在这种模式下，用户能够每次向特定通道发送一个 AO 数据。

Write 方法：Write 方法立刻向设备写入一组采样。

第一种：Write(Int32,Double)，该方法立刻向指定通道写入一个值，见表 10-2。

表 10-2　Write(Int32,Double)方法

C#语法	public ErrorCode Write(int ch, double dataScaled)
ch	类型：32 位整数。 IN，物理通道号
dataScaled	类型：double，64 位浮点 AO 采样（转换格式）
返回值	返回值是一个 ErrorCode。“Success”表示无错误

C#示例	InstantAoCtrl instantAoCtrl = new InstantAoCtrl();
	instantAoCtrl.SelectedDevice = new DeviceInformation(deviceDescription);
	...
	int ch = 0;
	double dataScaled = 10.8;
	//在指定模拟量通道输出电压或电流数值
	instantAoCtrl.Write(ch,dataScaled);

第二种：Write(Int32,Int32,Double[])方法，该方法通过 chStart 和 chCount 向指定通道写入一组值，见表 10-3。

表 10-3　Write(Int32,Int32,Double[])方法

C#语法	public ErrorCode Write(int chStart, int chCount, double[] dataScaled)
chStart	类型：32 位整数。 IN，用于数据输出的起始的物理通道号。有效范围为[0, ChannelCountMax-1]
chCount	类型：32 位整数。 IN，用于写入数据的总通道数。有效范围为 [0, ChannelCount]
dataScaled	类型：64 位浮点。 AO 采样（转化格式）
返回值	返回值是一个 ErrorCode。"Success" 表示无错误

C#示例	InstantAoCtrl instantAoCtrl = new InstantAoCtrl();
	instantAoCtrl.SelectedDevice = new DeviceInformation(deviceDescription);
	...
	int chStart = 0;
	int chCount = 2;
	double []DataScaled = {5.0,8.7};
	// 在多个模拟量通道输出电压或电流的值
	instantAoCtrl.Write(chStart,chCount,DataScaled);

10.3　项 目 实 施

任务 10-1　简易电压输出项目

要求：选用 PCI-1710 的模拟量输出通道，设计一个可变电压输出端。要求可以选择输出通道，并将测得的结果在界面上显示出来。软件采用 C#编程，编译通过后，在实训台上实施。

1. 硬件设计

模拟电压输出示意图如图 10-5 所示。

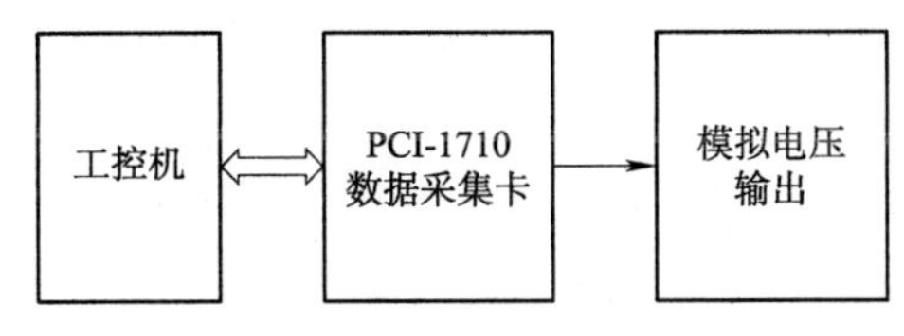

图 10-5　模拟电压输出示意图

2. 软件设计

（1）采用 C#编程，单窗口设计。窗口界面如图 10-6 所示。

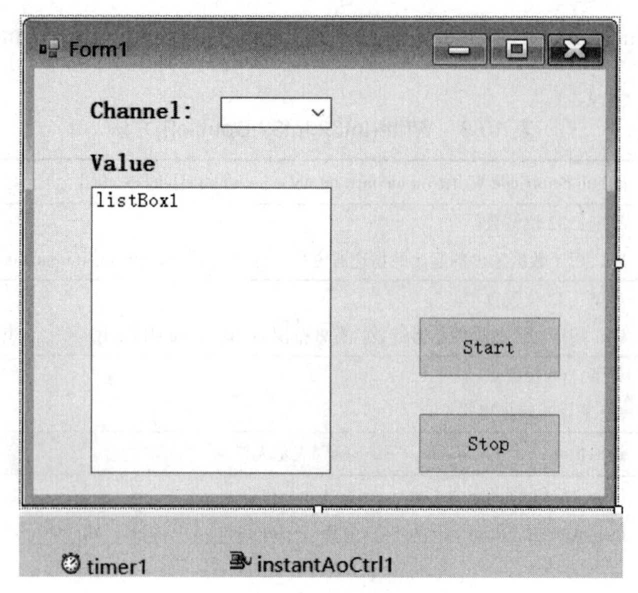

图 10-6　窗口界面

界面所需控件见表 10-4。

表 10-4　界面所需控件

控件名称	控件类型
comboBox1	comboBox
ListBox1	ListBox
Button1 ~ 2	button
timer1	timer
instantAoCtrl1	instantAoCtrl

（2）编程步骤：

① 建立一个新项目。

② 添加引用文件 Automation.BDaq.dll，并在工具栏添加 Automation.BDaq.dll 中的控件。应用到程序中。

③ 在窗口程序中添加类文件。

```
using Automation.BDaq;
```

④ 根据项目要求，编制窗口界面。

⑤ 在 Form1.cs 文件中定义全局变量如下：

```
double m_dataScaled = 0;
```

⑥ 产生 Form1_load 函数，并在函数中添加如下语句：

```
//set title of the form.
this.Text = "Ao_单通道(" + instantAoCtrl1.SelectedDevice.Description + ")";
//确定通道数
for (int i = 0; i < instantAoCtrl1.ChannelCount; ++i)
    comboBox1.Items.Add(i.ToString());
```

```
    comboBox1.SelectedIndex = 0;
```

⑦ 产生 button1_Start_Click 函数，并在函数中添加如下语句：

```
listBox1.Items.Clear();       //清除 listBox 中所有记录
timer1.Start();               //启动定时器
```

⑧ 产生 timer1Click 函数，并在函数中添加如下语句：

```
m_dataScaled = m_dataScaled + 0.5;
if (m_dataScaled >= 5.0)
    m_dataScaled = 0.0;
instantAoCtrl1.Write(comboBox1.SelectedIndex, m_dataScaled);
listBox1.Items.Add(m_dataScaled.ToString("F2"));
```

⑨ 产生 button1_stop_Click 函数，并在函数中添加如下语句：

```
timer1.Stop();              //停止定时器
```

（3）编译软件通过，运行结果如图 10-7 所示。

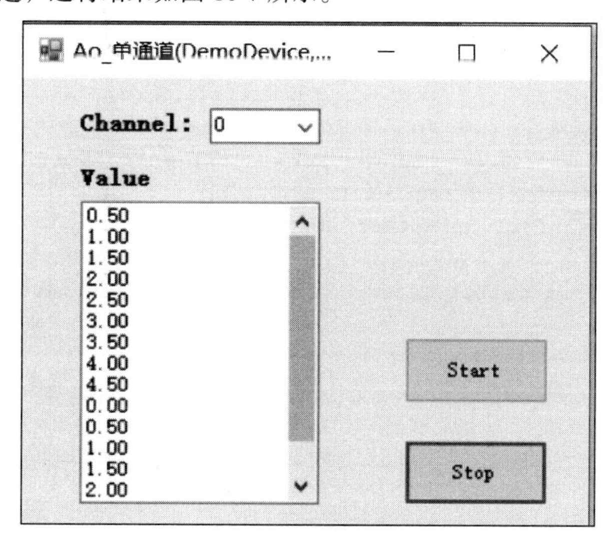

图 10-7　运行结果

（4）软件驱动器选择 PCI-1710 板卡，连接硬件，调试系统。

3．任务拓展

（1）在源程序编译运行成功后，对程序做如下更改，并实现。

① 窗口标题更新为“学号姓名 Ai– Run（D）”（如 201900100 李三 Di– Run（D））。

② 输出 Ao 通到只有 0 和 1 通道，默认显示为 0 通道。

③ 输出只保留 1 位小数。

④ 输出电压值为–5 ~ 5 V，每次输出电压增量为 0.25 V。

（2）实现两个 Ao 通道的控制功能。

4．主要程序

```
using System;
using System.Collections.Generic;
using System.ComponentModel;
```

```
using System.Data;
using System.Drawing;
using System.Linq;
using System.Text;
using System.Windows.Forms;
using Automation.BDaq;
namespace Ai_input
{
    public partial class Form1 : Form
    {
       double m_dataScaled = 0;
       public Form1()
        {
            InitializeComponent();
        }
        private void Form1_Load(object sender, EventArgs e)
        {
            //set title of the form
            this.Text = "AI_单通道(" + instantAoCtrl1.SelectedDevice.Description + ")";
            //确定通道数
            for (int i = 0; i < instantAoCtrl1.ChannelCount; ++i)
               comboBox1.Items.Add(i.ToString());
               comboBox1.SelectedIndex = 0;
        }
        private void button_start_Click(object sender, EventArgs e)
        {
            listBox1.Items.Clear();;
            timer1.Start();
        }
        private void timer1_Tick(object sender, EventArgs e)
        {
            m_dataScaled = m_dataScaled + 0.5;
            if (m_dataScaled >= 5.0)
               m_dataScaled = 0.0;
            instantAoCtrl1.Write(comboBox1.SelectedIndex, m_dataScaled);
            listBox1.Items.Add(m_dataScaled.ToString("F2"));
        }
        private void button_stop_Click(object sender, EventArgs e)
        {
           timer1.Stop();
        }
      }
}
```

任务 10-2　可视化电压输出项目

要求：根据任务10-1的内容，对项目进行完善，界面增加示波器显示虚拟屏。输出电压值不仅可以显示数值，还在示波器屏上显示变化波形。软件采用C#编程，编译通过后，在实训台上实施。

1. 硬件设计

见任务 10-1。

2. 软件设计

（1）采用 C#编程，单窗口设计。窗口界面如图 10-8 所示。

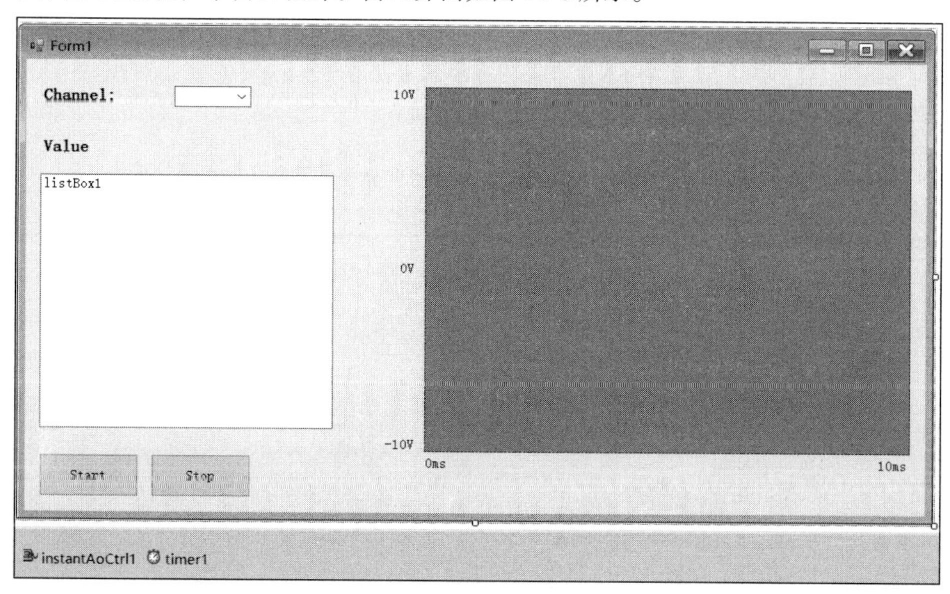

图 10-8　窗口界面

界面所需控件见表 10-5。

表 10-5　界面所需控件

控件名称	控件类型
comboBox1 ~ 3	comboBox
ListBox1	ListBox
Button1 ~ 2	button
timer1	timer
instantAiCtrl1	instantAiCtrl
PictureBox1	PictureBox

控件	Name	text
Label	Labely_max	10 V
Label	Labely_mid	0 V
Label	Labely_min	-10 V
Label	Labelx_min	0 ms
Label	Labelx_max	10 ms

（2）编程步骤：

① 前几个步骤见任务 10-1，或者在任务 10-1 基础上更改。

② 在项目中添加现有项文件 SimpleGraph.cs。

③ 在 Form1.cs 文件中定义全局变量如下：

```
double m_dataScaled = 0;
SimpleGraph m_simpleGraph;
double[]m_data=new double[1];
```

④ 产生 Form1_load 函数，并在函数中添加如下语句：

```
//initialize a graph with a picture box control to draw Ai data.
m_simpleGraph = new SimpleGraph(pictureBox.Size, pictureBox);
//set title of the form.
this.Text = "Ao_单通道(" + instantAoCtrl1.SelectedDevice.Description + ")";
//确定选择通道
for (int i = 0; i < instantAoCtrl1.ChannelCount; ++i)
   comboBox1.Items.Add(i.ToString());
   comboBox1.SelectedIndex = 0;
   ConfigureGraph();
```

⑤ 在程序中插入自定义函数：

```
private void ConfigureGraph()
{
    m_simpleGraph.XCordTimeDiv = 1000;
    string[] X_rangeLabels = new string[2];
    Helpers.GetXCordRangeLabels(X_rangeLabels, 10, 0, TimeUnit.Second);
    labelx_max.Text = X_rangeLabels[0];
    labelx_min.Text = X_rangeLabels[1];
    ValueUnit unit = (ValueUnit)(0); // Don't show unit in the label.
    string[] Y_CordLables = new string[3];
    Helpers.GetYCordRangeLabels(Y_CordLables, 10, -10, unit);
    labely_max.Text = Y_CordLables[0];
    labely_min.Text = Y_CordLables[1];
    labely_mid.Text = Y_CordLables[2];
    m_simpleGraph.YCordRangeMax = 10;
    m_simpleGraph.YCordRangeMin = -10;
    m_simpleGraph.Clear();
}
```

⑥ 产生 button1_Start_Click 函数，并在函数中添加如下语句：

```
listBox1.Items.Clear();
timer1.Start();
```

⑦ 产生 timer1Click 函数，并在函数中添加如下语句：

```
m_dataScaled = m_dataScaled + 0.5;
if (m_dataScaled >= 5)
   m_dataScaled = 0.0;
instantAoCtrl1.Write(comboBox1.SelectedIndex,  m_dataScaled);
listBox1.Items.Add(m_dataScaled.ToString("F2"));
```

```
    m_data[0] = m_dataScaled;
    m_simpleGraph.Chart(m_data, 1, 1, 1.0 * timer1.Interval  / 1000);
```

⑧ 产生 button1_stop_Click 函数，并在函数中添加如下语句：

```
timer1.Stop();
```

（3）编译软件通过，运行结果如图 10-9 所示。

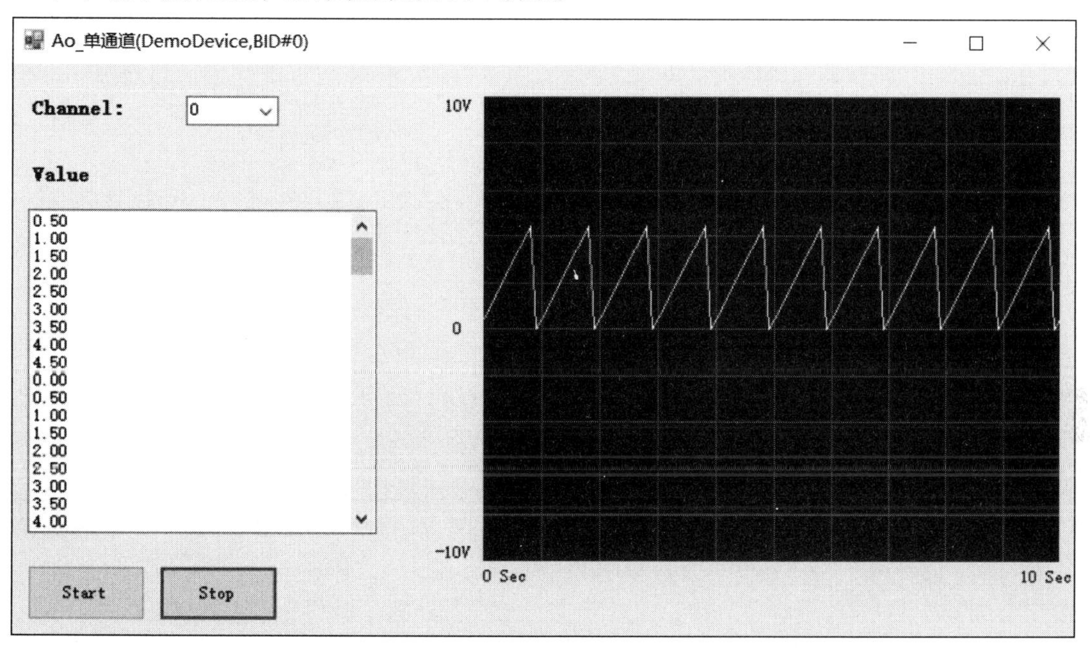

图 10-9　运行结果

3．项目拓展

（1）在源程序编译运行成功后，对程序做如下更改，并实现。

① 窗口标题更新为“学号姓名 Ao– Run（D）”（如 201900100 李三 Di– Run（D））。

② 示波器显示的电压值量程和时间自己设定。

③ 输出保留 3 位小数。

④ 设定一个屏显示的周期数。

（2）实现两个 Ao 通道的输出控制功能。

4．主要程序

```
using System;
using System.Collections.Generic;
using System.ComponentModel;
using System.Data;
using System.Drawing;
using System.Linq;
using System.Text;
using System.Windows.Forms;
using Automation.BDaq;
namespace Ai_input
```

```
{
    public partial class Form1 : Form
    {
        double m_dataScaled = 0;
        SimpleGraph m_simpleGraph;
        double[]m_data=new double[1];
        public Form1()
        {
            InitializeComponent();
        }
        private void Form1_Load(object sender, EventArgs e)
        {
            //initialize a graph with a picture box control to draw Ai data.
            m_simpleGraph = new SimpleGraph(pictureBox.Size, pictureBox);
            //set title of the form.
            this.Text = "Ao_单通道(" + instantAoCtrl1.SelectedDevice.
                        Description + ")";
          //确定选择通道
            for (int i = 0; i < instantAoCtrl1.ChannelCount; ++i)
               comboBox1.Items.Add(i.ToString());
               comboBox1.SelectedIndex = 0;
               ConfigureGraph();
        }
        private void ConfigureGraph()
        {
            m_simpleGraph.XCordTimeDiv = 1000;
            string[] X_rangeLabels = new string[2];
            Helpers.GetXCordRangeLabels(X_rangeLabels, 10, 0,
                                        TimeUnit.Second);
            labelx_max.Text = X_rangeLabels[0];
            labelx_min.Text = X_rangeLabels[1];
            ValueUnit unit = (ValueUnit)(0); // Don't show unit in the label.
            string[] Y_CordLables = new string[3];
            Helpers.GetYCordRangeLabels(Y_CordLables, 10, -10, unit);
            labely_max.Text = Y_CordLables[0];
            labely_min.Text = Y_CordLables[1];
            labely_mid.Text = Y_CordLables[2];
            m_simpleGraph.YCordRangeMax = 10;
            m_simpleGraph.YCordRangeMin = -10;
            m_simpleGraph.Clear();
        }
        private void button_start_Click(object sender, EventArgs e)
        {
            listBox1.Items.Clear();;
            timer1.Start();
        }
        private void timer1_Tick(object sender, EventArgs e)
        {
            m_dataScaled = m_dataScaled + 0.5;
```

```
            if (m_dataScaled >= 5)
               m_dataScaled = 0.0;
            instantAoCtrl1.Write(comboBox1.SelectedIndex,  m_dataScaled);
            listBox1.Items.Add(m_dataScaled.ToString("F2"));
            m_data[0] = m_dataScaled;
            m_simpleGraph.Chart(m_data, 1, 1, 1.0 * timer1.Interval  / 1000);
        }
        private void button_stop_Click(object sender, EventArgs e)
        {
           timer1.Stop();
        }
    }
}
```

任务 10-3　波形发生器项目

要求：根据任务 10-2 的内容，对项目进行完善。要求能够实现三角波、方波、正弦波的输出。软件采用 C#编程，编译通过后，在实训台上实施。

1. 硬件设计

见任务 10-1。

2. 软件设计

（1）采用 C#编程，单窗口设计。窗口界面如图 10-10 所示。

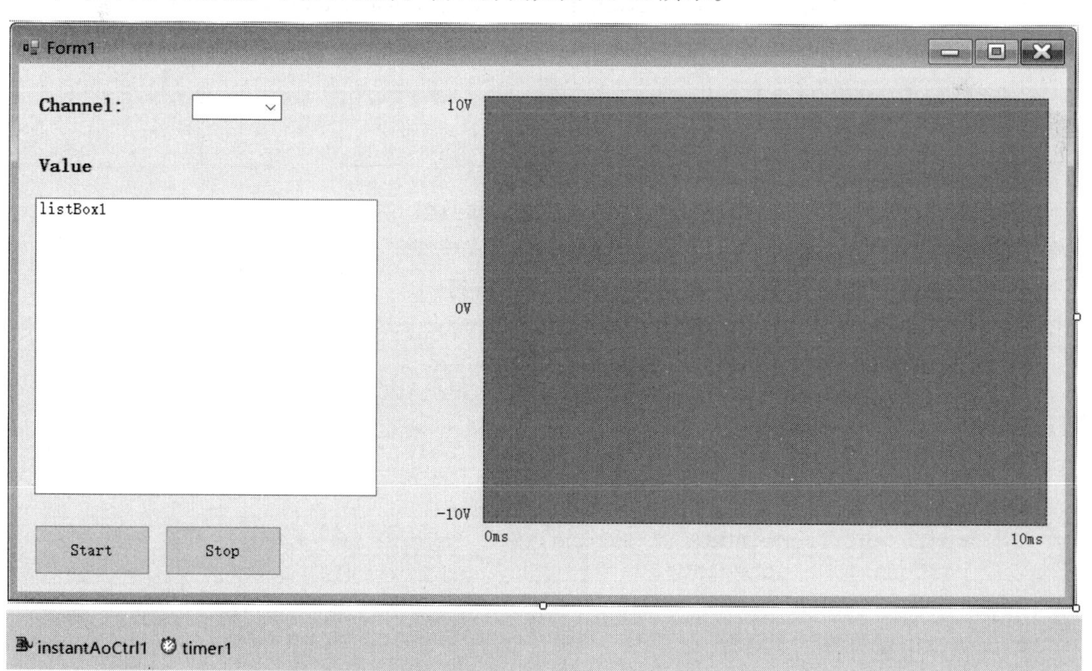

图 10-10　窗口界面

界面所需控件见表 10-6。

表 10-6 界面所需控件

控件名称	控件类型
comboBox1 ~ 3	comboBox
ListBox1	ListBox
Button1 ~ 2	button
timer1	timer
instantAiCtrl1	instantAiCtrl
PictureBox1	PictureBox

控件	Name	text
Label	Labely_max	10 V
Label	Labely_mid	0 V
Label	Labely_min	-10 V
Label	Labelx_min	0 ms
Label	Labelx_max	10 ms

（2）编程步骤。

① 前几个步骤见任务 10-1，或者在任务 10-1 基础上更改。

② 在项目中添加现有项文件 SimpleGraph.cs 和 WaveformGenerator.cs。

③ 在 Form1.cs 文件中定义全局变量如下：

```
double m_dataScaled = 0;
SimpleGraph m_simpleGraph;
double[]m_data=new double[1];
WaveformGenerator m_waveformGenerator;
WaveformStyle m_formStyle =  (WaveformStyle)(2);
int m_wavePointsIndex = 0;
```

④ 产生 Form1_load 函数，并在函数中添加如下语句：

```
//initialize a graph with a picture box control to draw Ai data.
m_simpleGraph = new SimpleGraph(pictureBox.Size, pictureBox);
m_waveformGenerator = new WaveformGenerator(200);
//set title of the form.
this.Text = "Ao_单通道(" + instantAoCtrl1.SelectedDevice.Description + ")";
//确定选择通道
for (int i = 0; i < instantAoCtrl1.ChannelCount; ++i)
    comboBox1.Items.Add(i.ToString());
    comboBox1.SelectedIndex = 0;
ConfigureGraph();
```

⑤ 在程序中插入自定义函数：

```
private void ConfigureGraph()
{
     m_simpleGraph.XCordTimeDiv = 1000;
     string[] X_rangeLabels = new string[2];
```

```
        Helpers.GetXCordRangeLabels(X_rangeLabels, 10, 0, TimeUnit.Second);
        labelx_max.Text = X_rangeLabels[0];
        labelx_min.Text = X_rangeLabels[1];
        ValueUnit unit = (ValueUnit)(0); // Don't show unit in the label.
        string[] Y_CordLables = new string[3];
        Helpers.GetYCordRangeLabels(Y_CordLables, 10, -10, unit);
        labely_max.Text = Y_CordLables[0];
        labely_min.Text = Y_CordLables[1];
        labely_mid.Text = Y_CordLables[2];
        m_simpleGraph.YCordRangeMax = 10;
        m_simpleGraph.YCordRangeMin = -10;
        m_simpleGraph.Clear();
  }
```

⑥ 产生 button1_Start_Click 函数，并在函数中添加如下语句：

```
listBox1.Items.Clear();
timer1.Start();
```

⑦ 产生 timer1Click 函数，并在函数中添加如下语句：

```
m_dataScaled = m_waveformGenerator.GetOnePoint(m_formStyle,
                m_wavePointsIndex++, 5.0, 0.0);
if (m_wavePointsIndex == 200)
{
    m_wavePointsIndex = 0;
}
instantAoCtrl1.Write(comboBox1.SelectedIndex, m_dataScaled);
listBox1.Items.Add(m_dataScaled.ToString("F2"));
m_data[0] = m_dataScaled;
m_simpleGraph.Chart(m_data, 1, 1, 1.0 * timer1.Interval / 1000);
```

⑧ 产生 button1_stop_Click 函数，并在函数中添加如下语句：

```
timer1.Stop();
```

（3）编译软件通过，运行结果如图 10-11 所示。

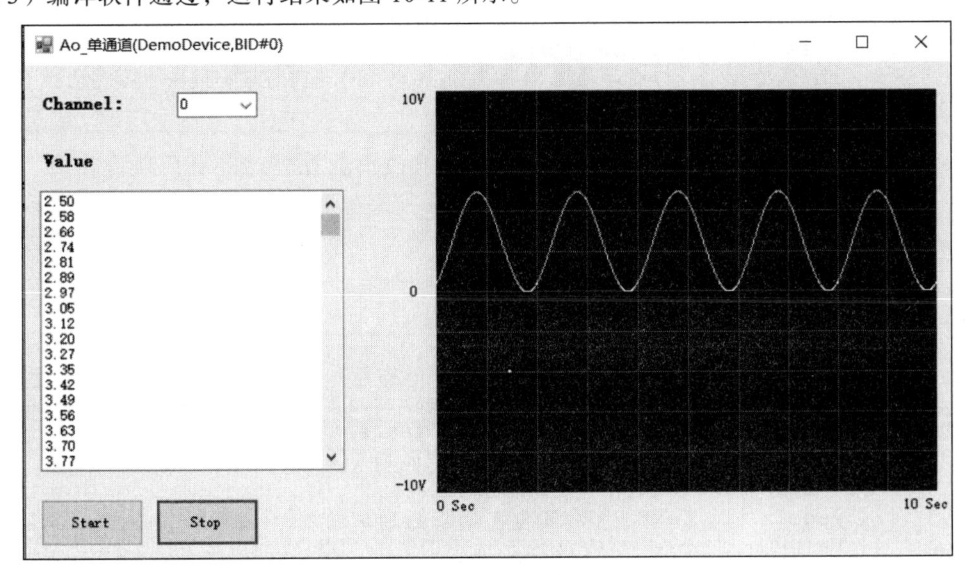

图 10-11　运行结果

3. 任务拓展

（1）设定输出波形的类型，如余弦波、三角波、方波。

（2）自主设定输出电压的量程和周期。

4. 主要程序

```
using System;
using System.Collections.Generic;
using System.ComponentModel;
using System.Data;
using System.Drawing;
using System.Linq;
using System.Text;
using System.Windows.Forms;
using Automation.BDaq;
namespace Ai_input
{
    public partial class Form1 : Form
    {
        double m_dataScaled = 0;
        SimpleGraph m_simpleGraph;
        double[]m_data=new double[1];
        WaveformGenerator m_waveformGenerator;
        WaveformStyle m_formStyle = (WaveformStyle)(0);
                                                    //0-正弦波，1-方波，2-三角波
        int m_wavePointsIndex = 0;
        public Form1()
        {
            InitializeComponent();
        }
        private void Form1_Load(object sender, EventArgs e)
        {
            //initialize a graph with a picture box control to draw Ai data.
            m_simpleGraph = new SimpleGraph(pictureBox.Size, pictureBox);
            m_waveformGenerator = new WaveformGenerator(200);
            //set title of the form.
            this.Text = "Ao_单通道(" + instantAoCtrl1.SelectedDevice.
                        Description + ")";
            //确定选择通道
            for (int i = 0; i < instantAoCtrl1.ChannelCount; ++i)
                comboBox1.Items.Add(i.ToString());
                comboBox1.SelectedIndex = 0;
                ConfigureGraph();
        }
        private void ConfigureGraph()
        {
            m_simpleGraph.XCordTimeDiv = 1000;
            string[] X_rangeLabels = new string[2];
            Helpers.GetXCordRangeLabels(X_rangeLabels, 10, 0,
                                        TimeUnit. Second);
            labelx_max.Text = X_rangeLabels[0];
            labelx_min.Text = X_rangeLabels[1];
            ValueUnit unit = (ValueUnit)(0); // Don't show unit in the label.
            string[] Y_CordLables = new string[3];
```

```
            Helpers.GetYCordRangeLabels(Y_CordLables, 10, -10, unit);
            labely_max.Text = Y_CordLables[0];
            labely_min.Text = Y_CordLables[1];
            labely_mid.Text = Y_CordLables[2];
            m_simpleGraph.YCordRangeMax = 10;
            m_simpleGraph.YCordRangeMin = -10;
            m_simpleGraph.Clear();
        }
        private void button_start_Click(object sender, EventArgs e)
        {
            listBox1.Items.Clear();;
            timer1.Start();
        }
        private void timer1_Tick(object sender, EventArgs e)
        {
            m_dataScaled = m_waveformGenerator.GetOnePoint(m_formStyle,
                           m_wavePointsIndex++, 5.0, 0.0);
            if (m_wavePointsIndex == 200)
            {
                m_wavePointsIndex = 0;
            }
            instantAoCtrl1.Write(comboBox1.SelectedIndex,  m_dataScaled);
            listBox1.Items.Add(m_dataScaled.ToString("F2"));
            m_data[0] = m_dataScaled;
            m_simpleGraph.Chart(m_data, 1, 1, 1.0 * timer1.Interval  / 1000);
        }
        private void button_stop_Click(object sender, EventArgs e)
        {
           timer1.Stop();
        }
    }
}
```

项目 11　工业微机控制实训台综合项目

学习目标

- 知识目标：掌握研华数据采集卡 PCI-1710 的综合应用。了解实训台外部功能模块。
- 能力目标：能够实现对实训台上各功能模块的组合及实训项目的硬件连接和软件编程。
- 素质目标：了解现代测试技术，适应自动化测试岗位需求。

11.1　项 目 描 述

采用 PCI-1710 数据采集卡及工业微机控制实训台，完成各种功能模块的组合，实现数据采集综合项目的实施，软件采用 C#编程。

11.2　项 目 实 施

任务 11-1　Do、Di、Ai 简易综合控制项目

要求：在同一监控界面中，可以实现 8 个 Do 通道、8 个 Di 通道和一个 Ai 通道的控制。软件采用 C#编程，编译通过后，在实训台上实施。

1. 项目设计

采用 C#编程，单窗口设计。窗口界面如图 11-1 所示。

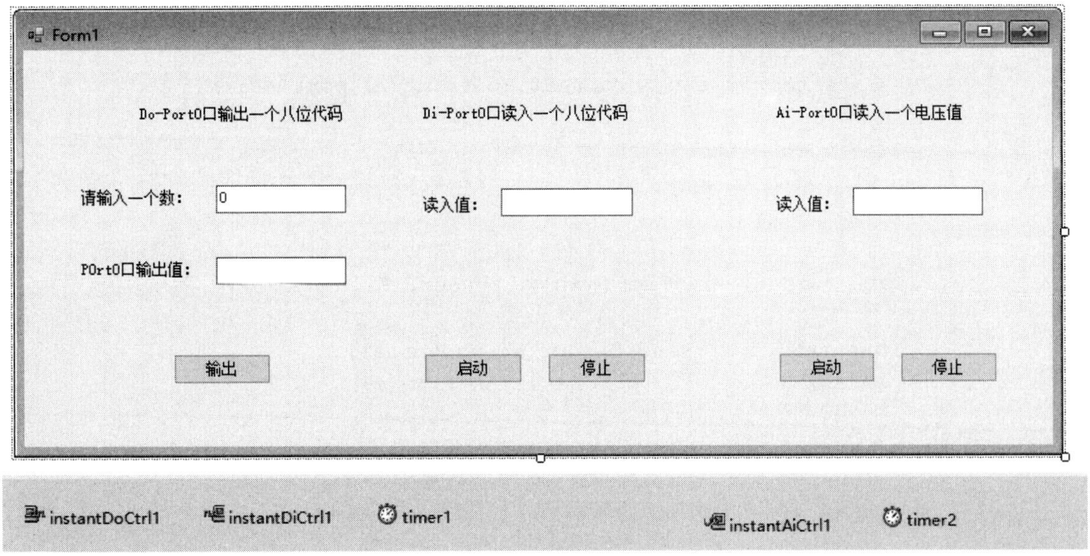

图 11-1　窗口界面

2. 主要程序

```
using System;
using System.Collections.Generic;
using System.ComponentModel;
using System.Data;
using System.Drawing;
using System.Linq;
using System.Text;
using System.Windows.Forms;
using Automation.BDaq;
namespace do_di_ai
{
    public partial class Form1 : Form
    {
        public byte do_portData=0xff;
        public byte di_portData = 0xff;
        public double Ai_portData =0;
        public Form1()
        {
            InitializeComponent();
        }
        private void button1_Click(object sender, EventArgs e)
        {
            do_portData =  Convert.ToByte(textBox1.Text);
            instantDoCtrl1.Write(0, do_portData);
            textBox2.Text = Convert.ToString(do_portData);
        }
        private void button2_Click(object sender, EventArgs e)
        {
```

```
            timer1.Start();
            //instantDiCtrl1.Read(0, out di_portData);
            //textBox3.Text = Convert.ToString(di_portData);
        }
        private void button3_Click(object sender, EventArgs e)
        {
            timer1.Stop();
        }
        private void timer1_Tick(object sender, EventArgs e)
        {
            instantDiCtrl1.Read(0, out di_portData);
            textBox3.Text = di_portData.ToString();
        }
        private void button5_Click(object sender, EventArgs e)
        {
            timer2.Start();
        }
        private void button4_Click(object sender, EventArgs e)
        {
            timer2.Stop();
        }
        private void timer2_Tick(object sender, EventArgs e)
        {
            instantAiCtrl1.Read(0, out Ai_portData );
            textBox4.Text = Ai_portData.ToString("F2");
        }
    }
}
```

3. 数据结果

数据结果可以连接实验外部装置实现。

任务 11-2 霓虹灯显示项目

要求：由 PCI-1710 数字量输出端口 Port0，控制霓虹灯的 8 个端子，编写程序，实现 8 排霓虹灯循环点亮，首先 1 排灯亮、2 排灯亮、3 排灯亮至 8 排灯亮，间隔 500 ms；再从头开始循环。软件采用 C#编程。

1. 硬件设计

霓虹灯项目硬件连接示意图如图 11-2 所示。

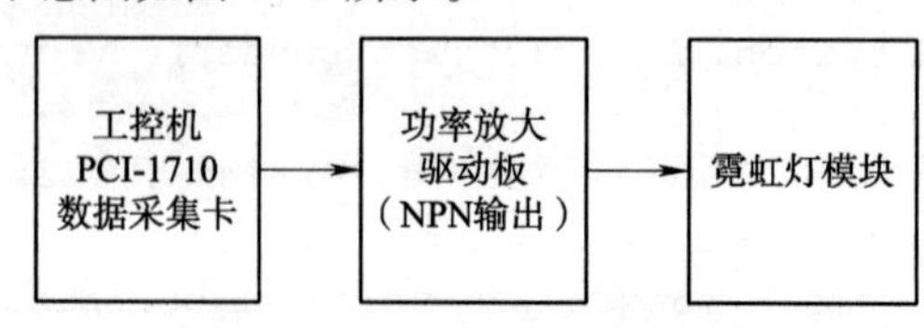

图 11-2 霓虹灯项目硬件连接示意图

霓虹灯模块如图 11-3 所示。

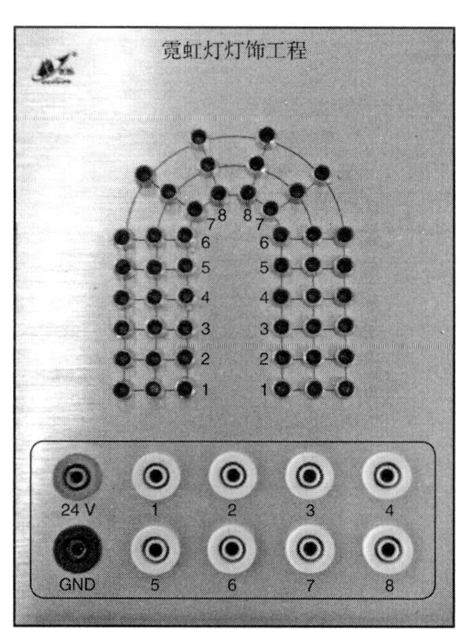

图 11-3　霓虹灯模块

项目连接端子见表 11-1。

表 11-1　项目连接端子

板块输出	模块端	模块端	功能
DO0	DO0	do0	霓虹灯 1
DO1	DO1	do1	霓虹灯 2
DO2	DO2	do2	霓虹灯 3
DO3	DO3	do3	霓虹灯 4
DO4	DO4	do4	霓虹灯 5
DO5	DO5	do5	霓虹灯 6
DO6	DO6	do6	霓虹灯 7
DO7	DO7	do7	霓虹灯 8
+5 V	Com	24 V	24 V
		GND	GND

软件代码见表 11-2。

表 11-2　软件代码

P0 口代码	D7	D6	D5	D4	D3	D2	D1	D0
板卡引脚号	10	44	11	45	12	46	13	47
0XFE	1	1	1	1	1	1	1	0
0XFD	1	1	1	1	1	1	0	1
0XFB	1	1	1	1	1	0	1	1
0XF7	1	1	1	1	0	1	1	1
0XEF	1	1	1	0	1	1	1	1
0XDF	1	1	0	1	1	1	1	1
0XBF	1	0	1	1	1	1	1	1
0X7F	0	1	1	1	1	1	1	1

2. 软件设计

（1）新建项目，完成窗口界面，如图 11-4 所示。并根据所给程序对各控件名称进行相应定义。

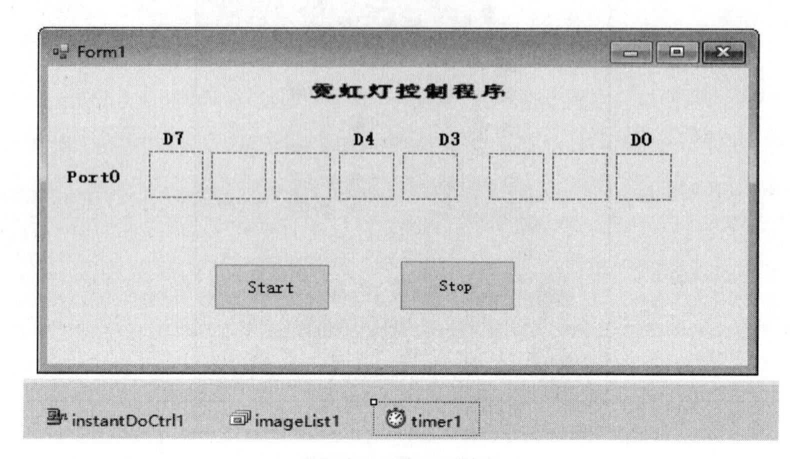

图 11-4 窗口界面

界面所需控件见表 11-3。

表 11-3 界面所需控件

控件功能	控件名称	控件类型
8 个控制端口	pictureBox1 ~ pictureBox8	pictureBox
Start	Button1	button
Stop	Button2	button
显示灯状态盒	imageList1	imageList

（2）主要参考程序：

```
namespace do_bit
{
    public partial class Form1 : Form
    {
        private byte[] portData={0xfe,0xfd,0xfb,0xf7,0xef,0xdf,0xbf,0x7f};
        private byte portData1 = 0x00;
        private PictureBox[]m_pictureBox;
        private int i=0;
        public Form1()
        {
            InitializeComponent();
        }
        private void Form1_load(object sender, EventArgs e)
        {
            this.Text = "霓虹灯控制(" + instantDoCtrl1.SelectedDevice.
                        Description + ")";
            m_pictureBox = new PictureBox[8]
            {pictureBox1, pictureBox2, pictureBox3, pictureBox4,pictureBox5,
             pictureBox6, pictureBox7, pictureBox8};
```

```
            for (int j = 0; j < 8; ++j)
            {
                m_pictureBox[j].Image = imageList1.Images[1];
                m_pictureBox[j].Invalidate();
            }
        }
        private void button1_Click(object sender, EventArgs e)
        {
            timer1.Start();
        }
        private void timer1_Tick(object sender, EventArgs e)
        {
            portData1 = portData[i];
            instantDoCtrl1.Write(0, portData1);
            for (int j = 0; j < 8; ++j)
            {
                m_pictureBox[j].Image = imageList1.Images[(portData1>>j)&0x1];
                m_pictureBox[j].Invalidate();
            }
            i++;
            if (i==8)  i=0;
        }
        private void button2_Click(object sender, EventArgs e)
        {
            timer1.Stop();
        }
    }
}
```

任务 11-3　可控霓虹灯项目

要求：PCI-1710 板卡输出 Port0 口控制霓虹灯，让霓虹灯循环点亮，并由外部开关控制霓虹灯显示状态，软件采用 C#编程。

（1）新建项目，完成窗口界面，如图 11-5 所示。并根据所给程序对各控件名称进行相应定义。

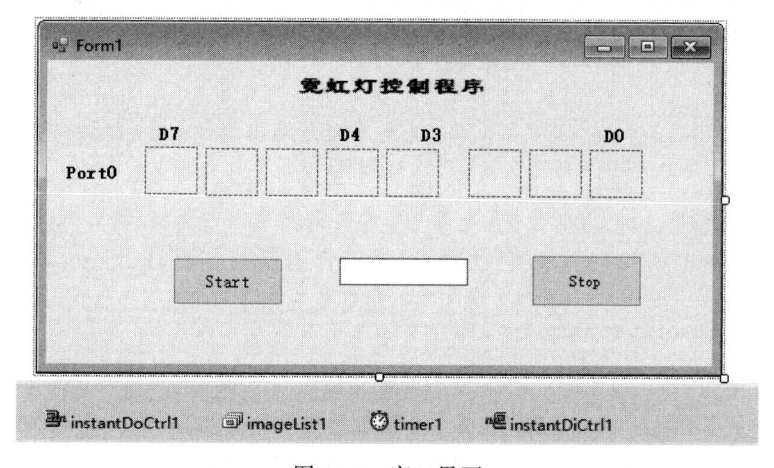

图 11-5　窗口界面

界面所需控件见表 11-4。

表 11-4 界面所需控件

控件功能	控件名称	控件类型
8 个控制端口	pictureBox1 ~ pictureBox8	pictureBox
Start	Button1	button
Stop	Button2	button
输入开关状态	textBox	textBox1
显示灯状态盒	imageList1	imageList

（2）主要参考程序：

```
namespace do_bit
{
    public partial class Form1 : Form
    {
        private byte[] portData={0xfe,0xfd,0xfb,0xf7,0xef,0xdf,0xbf,0x7f};
        private byte portData1 = 0x00;
        private PictureBox[]m_pictureBox;
        private int i=0;
        private byte di_portData = 0x00;
        public Form1()
        {
            InitializeComponent();
        }
        private void Form1_load(object sender, EventArgs e)
        {
            this.Text = "霓虹灯控制("+instantDoCtrl1.SelectedDevice.
                           Description + ")";
            m_pictureBox = new PictureBox[8]
            {pictureBox1, pictureBox2, pictureBox3, pictureBox4,pictureBox5,
             pictureBox6, pictureBox7, pictureBox8};
            for (int j = 0; j < 8; ++j)
            {
                m_pictureBox[j].Image = imageList1.Images[1];
                m_pictureBox[j].Invalidate();
            }
        }
        private void button1_Click(object sender, EventArgs e)
        {
            timer1.Start();
        }
        private void timer1_Tick(object sender, EventArgs e)
        {
            instantDiCtrl1.Read(0,out di_portData);
            textBox1.Text = Convert.ToString(di_portData);
```

```
            if (di_portData == 0xfe)
                timer1.Stop();
            else
            {
                portData1 = portData[i];
                instantDoCtrl1.Write(0, portData1);
                for (int j = 0; j < 8; ++j)
                {
                    m_pictureBox[j].Image =
                            imageList1.Images[(portData1 >> j) & 0x1];
                    m_pictureBox[j].Invalidate();
                }
                i++;
                if (i == 8) i = 0;
            }
        }
        private void button2_Click(object sender, EventArgs e)
        {
            timer1.Stop();
        }
    }
}
```

任务 11-4　变频器控制项目

要求：PCI-1710 的数字量输出 Port0 口，控制变频器，使交流电机实现 10 Hz、30 Hz、60 Hz 三段式运行，并且正转和反转也可以选择。

1. 硬件设计

变频器控制连线如图 11-6 所示。

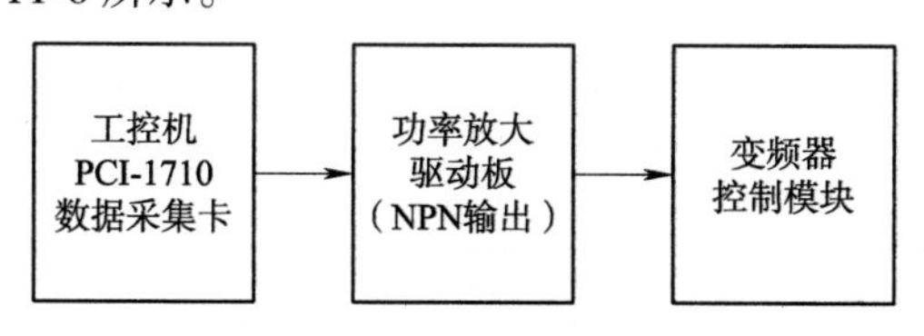

图 11-6　变频器控制连线

项目连接端子见表 11-5。

表 11-5 项目连接端子

Port0 口	D7	D6	D5	D4	D3	D2	D1	D0
变频器引脚功能	STF	STR	11	45	12	RH	RM	RL

2. 软件设计

（1）第一种设计方法。

① 新建项目，完成窗口界面，如图 11-7 所示。并根据所给程序对各控件名称进行相应定义。

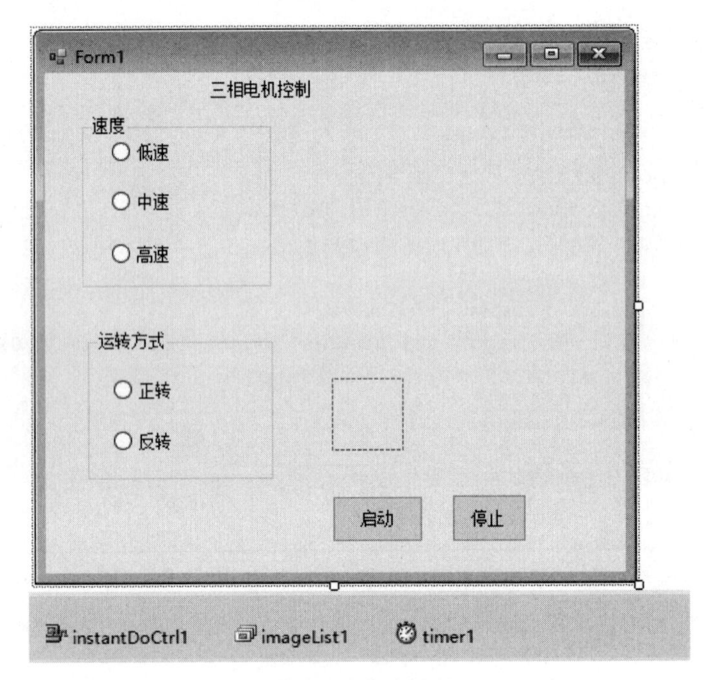

图 11-7 窗口界面

界面所需控件见表 11-6。

表 11-6 界面所需控件

控件	控件名称	控件类型
低速	radioButton1	radioButton
中速	radioButton2	radioButton
高速	radioButton3	radioButton
正转	radioButton4	radioButton
反转	radioButton5	radioButton
运行灯	pictureBox1	pictureBox
启动	Button1	Button
停止	Button2	Button
运行灯状态盒	imageList1	imageList
Do 类	instantDoCtrl1	instantDoCtrl
定时器	timer1	timer

② 主要参考程序：

```
namespace JHF11_25
{
    public partial class Form1 : Form
    {
        private  uint  portData = 0x00;
        private  byte  m_portData = 0x00;
```

```
        int shan = 0x00;
        public Form1()
        {
            InitializeComponent();
        }
        private void button1_Click(object sender, EventArgs e)
        {
          //选择速度
            if (radioButton1.Checked)
               portData = portData | 0x01;
            else if (radioButton2.Checked)
               portData = portData | 0x02;
            else if (radioButton3.Checked)
               portData = portData | 0x04;
            else
               portData = portData | 0x01;
            //选择方向
            if (radioButton4.Checked)
               portData = portData | 0x40;
            else
               portData = portData | 0x80;
            //启动
            portData = portData ^ 0xff;
            portData = portData & 0x00ff;
            m_portData = Convert.ToByte(portData);
            //输送到端口
            instantDoCtrl1.Write(0, m_portData);
            timer1.Start();
        }
        private void Form1_Load(object sender, EventArgs e)
        {
            this.Text = "三相电机控制(" + instantDoCtrl1.SelectedDevice.
                          Description + ")";
            pictureBox1.Image = imageList1.Images[0];
        }
        private void timer1_Tick(object sender, EventArgs e)
        {
            shan = shan ^ 0x02;
            pictureBox1.Image = imageList1.Images[shan];
         }
        private void button2_Click(object sender, EventArgs e)
        {
            timer1.Stop();
            pictureBox1.Image = imageList1.Images[0];
            //instantDoCtrl1.Dispose();
        }
    }
}
```

③ 附件：FR-D700变频器相关资料。

标准控制电路端子见表 11-7。

表 11-7　标准控制电路端子

端子记号	端子名称	端子功能说明	备注
STF	正传启动	STF 信号 ON 时为正转、OFF 时为停止指令	STF、STR 信号同时 ON 是，变成停止指令
STR	反转启动	STR 信号 ON 时为反转、OFF 时为停止指令	
RH、RM、RL	多段速度选择	用 RH、RM 和 RL 信号的组合可以选择多段速度	

多段速度设定（见表 11-8）是预先通过参数设置运行速度，并通过节点端子来切换速度时使用。仅通过节点信号（RH、RM、RL、REX 信号）的 ON、OFF 操作即可以选择各个速度。另外，变频器设置设在 4、5、6 段，采用 ext 方式，最高频率不要超过 60 Hz。

表 11-8　多段速度设定

参数编号	名称	初始值	设定范围	内容
4	高速	50 Hz	0 ~ 400 Hz	RH-ON 时的频率
5	中速	30 Hz		RM-ON 时的频率
6	低速	10 Hz		RL-ON 时的频率

（2）第二种设计方法。

① 新建项目，完成窗口界面，如图 11-8 所示。

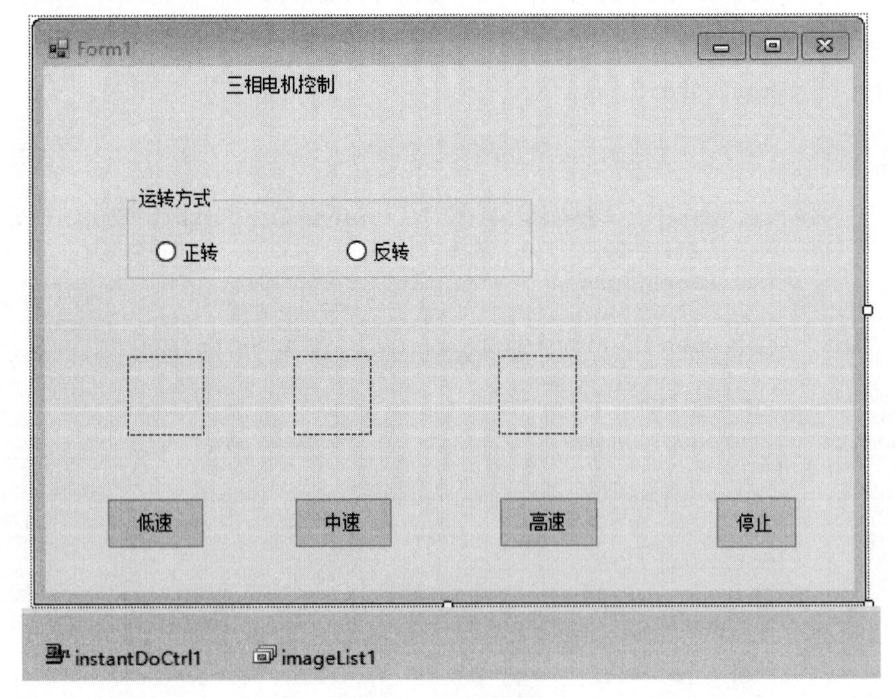

图 11-8　窗口界面

界面所需控件见表 11-9。

表 11-9　界面所需控件

控　　件	控件名称	控件类型
低速	Button1	radioButton
中速	Button3	radioButton
高速	Button4	radioButton
运行灯	pictureBox1 ~ 3	pictureBox
停止	Button2	button
运行灯状态盒	imageList1	imageList
Do 类	instantDoCtrl1	instantDoCtrl
定时器	timer1	timer

② 程序参考：

```
namespace JHF11. _25
{
    public partial class Form1 : Form
    {
        private  uint portData = 0x00;
        private byte m_portData = 0x00;
        public Form1()
        {
            InitializeComponent();
        }
        private void button1_Click(object sender, EventArgs e)
        {
            //选择速度
            portData = 0x01;
            //选择方向
            if (radioButton4.Checked)
                portData = portData | 0x80;
            else if (radioButton5.Checked)
                portData = portData | 0x40;
            else
                portData = portData | 0x80;
            portData = portData ^ 0xff;
            portData = portData & 0x00ff;
            m_portData = Convert.ToByte(portData);
            //输送到端口
            instantDoCtrl1.Write(0, m_portData);
            pictureBox1.Image = imageList1.Images[0];
            pictureBox2.Image = imageList1.Images[2];
            pictureBox3.Image = imageList1.Images[2];
        }
          private void Form1_Load(object sender, EventArgs e)
        {
            this.Text = "变频器控制(" + instantDoCtrl1.SelectedDevice.
                              Description + ")";
            pictureBox1.Image = imageList1.Images[2];
            pictureBox2.Image = imageList1.Images[2];
            pictureBox3.Image = imageList1.Images[2];
        }
```

```
        private void button2_Click(object sender, EventArgs e)
        {
            instantDoCtrl1.Write(0, 0x00);
            pictureBox1.Image = imageList1.Images[2];
        }
    }
}
```

任务 11-5　外部可调频率控制项目

要求：PCI-1710 的输出 Port0 口，控制变频器，使交流电机实现 15 Hz、30 Hz、60 Hz 三段式运行，可以选择正转和反转。用一个外部模拟电压值控制电机三段式运行，如 0 ~ 2 V-15 Hz、2 ~ 4 V-30 Hz、4 ~ 5 V-60 Hz。

1. 硬件设计

见任务 11-4。

2. 软件设计

（1）新建项目，设计窗口界面，如图 11-9 所示。

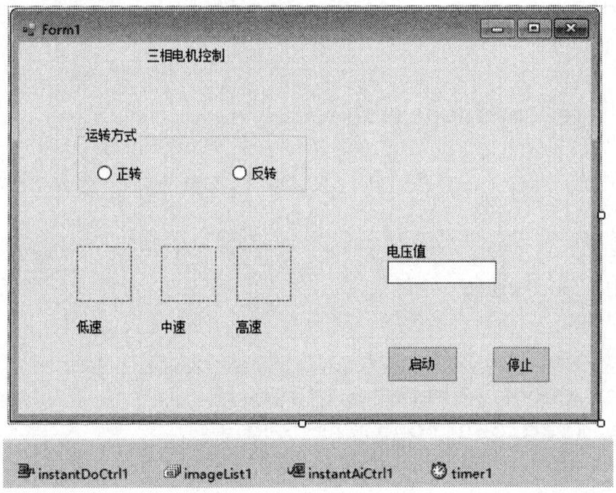

图 11-9　窗口界面

界面所需控件见表 11-10。

表 11-10　界面所需控件

控　　件	控件名称	控件类型
正转	radioButton4	radioButton
反转	radioButton5	radioButton
运行灯	pictureBox1 ~ 3	pictureBox
启动	Button1	Button
停止	Button2	Button
运行灯状态盒	imageList1	imageList
Do 类	instantDoCtrl1	instantDoCtrl
定时器	timer1	timer

（2）主要参考程序：

```
namespace JHF11_25
{
    public partial class Form1 : Form
    {
        private  uint portData = 0x00;
        private byte m_portData = 0x00;
        private double Ai_portData = 0;
        public Form1()
        {
            InitializeComponent();
        }
        private void button1_Click(object sender, EventArgs e)
        {
            timer1.Start();
        }
        private void Form1_Load(object sender, EventArgs e)
        {
            this.Text = "变频器控制(" + instantDoCtrl1.SelectedDevice.
                        Description + ")";
            pictureBox1.Image = imageList1.Images[2];
            pictureBox2.Image = imageList1.Images[2];
            pictureBox3.Image = imageList1.Images[2];
        }
        private void button2_Click(object sender, EventArgs e)
        {
            timer1.Stop();
            instantDoCtrl1.Write(0, 0x00);
            pictureBox1.Image = imageList1.Images[2];
            pictureBox2.Image = imageList1.Images[2];
            pictureBox3.Image = imageList1.Images[2];
        }
        private void timer1_Tick(object sender, EventArgs e)
        {
            instantAiCtrl1.Read(0, out Ai_portData);
            textBox1.Text = Ai_portData.ToString("F2");
            if (Ai_portData >= 0 && Ai_portData < 2)
            {
                portData = 0x01;
                pictureBox1.Image = imageList1.Images[0];
                pictureBox2.Image = imageList1.Images[2];
                pictureBox3.Image = imageList1.Images[2];
            }
            else if (Ai_portData >= 2 && Ai_portData < 4)
            {
                portData = 0x02;
                pictureBox1.Image = imageList1.Images[2];
                pictureBox2.Image = imageList1.Images[0];
                pictureBox3.Image = imageList1.Images[2];
            }
```

```
            else
            {
                portData = 0x04;
                pictureBox1.Image = imageList1.Images[2];
                pictureBox2.Image = imageList1.Images[2];
                pictureBox3.Image = imageList1.Images[0];
            }
            //选择方向
            if (radioButton4.Checked)
                portData = portData | 0x80;
            else if (radioButton5.Checked)
                portData = portData | 0x40;
            else
            portData = portData | 0x80;
            portData = portData ^ 0xff;
            portData = portData & 0x00ff;
            m_portData = Convert.ToByte(portData);
            //输送到端口
            instantDoCtrl1.Write(0, m_portData);
        }
    }
}
```

任务 11-6　水塔自动供水项目

要求：当水箱低水位按钮 S4 按下时，蓄水电磁阀 Y 得电，当水箱高水位按钮 S3 按下时，蓄水电磁阀失电；当水塔低水位按钮 S2 按下时，抽水电机 M 启动抽水，当水塔高水位按钮 S1 按下时，抽水电机 M 停止抽水；当水箱与水塔的低水位按钮都被按下时，蓄水电磁阀 Y 与抽水电机 M 全部得电。

1. 硬件设计

水塔模块如图 11-10 所示。

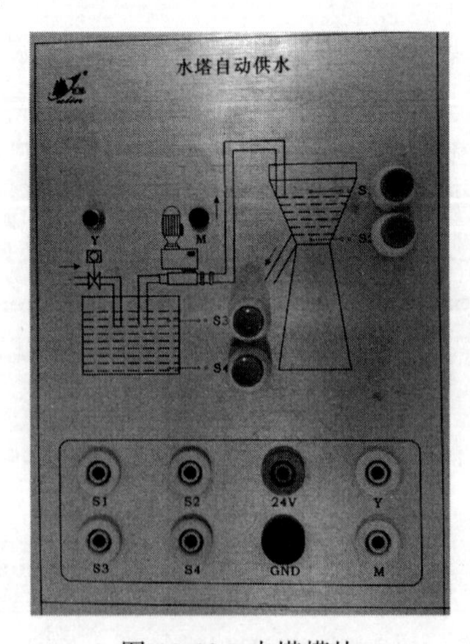

图 11-10　水塔模块

2. 软件设计

（1）新建项目，设计窗口界面，如图 11-11 所示。

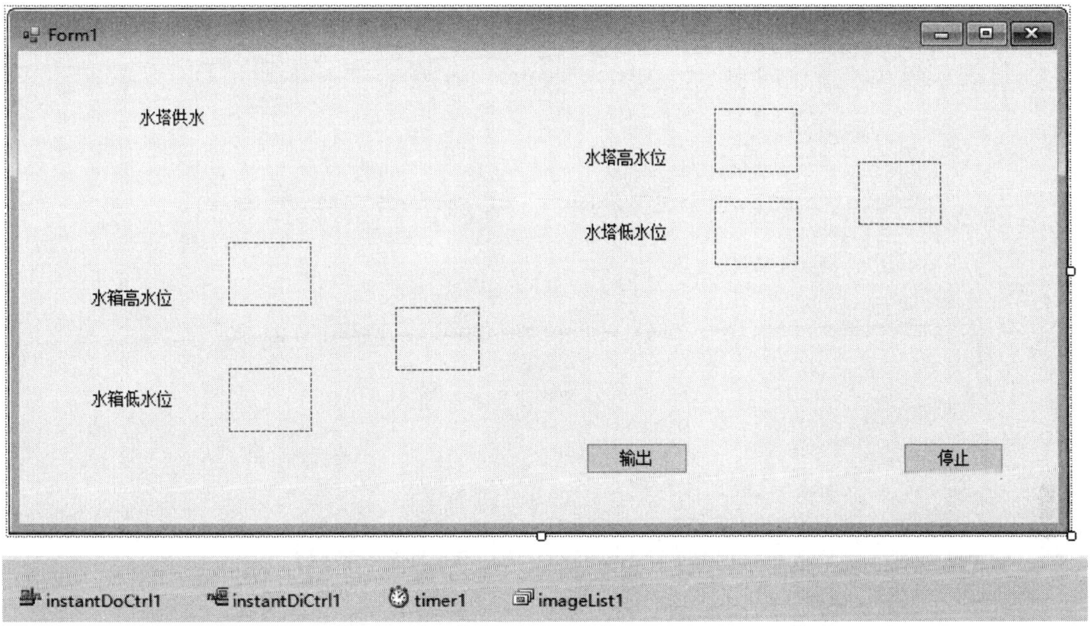

图 11-11　窗口界面

端口分配见表 11-11。

表 11-11　端口分配

输入 di-portData	D3	D2	D1	D0
功能	S1（水塔高）	S2（水塔低）	S3（水箱高）	S4（水箱低）
界面控件	Picture4	Picture3	Picture2	Picture1
代码（低有效）	F7	Fb	Fd	Fe

输出 do-portData		D1	D0
功能		M（电机）	Y（水阀）
界面控件		Picture6	Picture5
代码	Ff（电机和供水阀都关闭）	Fd（电机开）	Fe（供水阀开）

界面控件	Imege[3]	Imege[2]	Imege[1]	Imege[0]
显示状态（低有效）	绿	红	关	开

（2）主要参考程序：

```
namespace do_硬件输出
{
    public partial class Form1 : Form
    {
        public byte do_portData=0xff;
```

```
        public byte di_portData = 0xff;
        public Form1()
        {
            InitializeComponent();
        }
        private void button1_Click(object sender, EventArgs e)
        {
            timer1.Start();
        }
        private void button3_Click(object sender, EventArgs e)
        {
            timer1.Stop();
        }
        private void timer1_Tick(object sender, EventArgs e)
        {
            instantDiCtrl1.Read(0, out di_portData);
            switch (di_portData)
            {
                case 0xfe:
                    do_portData = 0xfe;
                    instantDoCtrl1.Write(0, do_portData);
                    pictureBox1.Image = imageList1.Images[2];
                    pictureBox2.Image = imageList1.Images[3];
                    pictureBox3.Image = imageList1.Images[3];
                    pictureBox4.Image = imageList1.Images[3];
                    pictureBox5.Image = imageList1.Images[0];
                    pictureBox6.Image = imageList1.Images[1];
                    break;
                case 0xfd:
                    do_portData = 0xff;
                    instantDoCtrl1.Write(0, do_portData);
                    pictureBox1.Image = imageList1.Images[3];
                    pictureBox2.Image = imageList1.Images[2];
                    pictureBox3.Image = imageList1.Images[3];
                    pictureBox4.Image = imageList1.Images[3];
                    pictureBox5.Image = imageList1.Images[1];
                    pictureBox6.Image = imageList1.Images[1];
                    break;

                case 0xfb:
                    do_portData = 0xfd;
                    instantDoCtrl1.Write(0, do_portData);
                    pictureBox1.Image = imageList1.Images[3];
                    pictureBox2.Image = imageList1.Images[3];
                    pictureBox3.Image = imageList1.Images[2];
                    pictureBox4.Image = imageList1.Images[3];
                    pictureBox5.Image = imageList1.Images[1];
                    pictureBox6.Image = imageList1.Images[0];
                    break;
                case 0xf7:
```

```
                do_portData = 0xff;
                instantDoCtrl1.Write(0, do_portData);
                pictureBox1.Image = imageList1.Images[3];
                pictureBox2.Image = imageList1.Images[3];
                pictureBox3.Image = imageList1.Images[3];
                pictureBox4.Image = imageList1.Images[2];
                pictureBox5.Image = imageList1.Images[1];
                pictureBox6.Image = imageList1.Images[1];
                break;
            }
        }
        private void Form1_Load(object sender, EventArgs e)
        {
            pictureBox1.Image = imageList1.Images[3];
            pictureBox2.Image = imageList1.Images[3];
            pictureBox3.Image = imageList1.Images[3];
            pictureBox4.Image = imageList1.Images[3];
            pictureBox5.Image = imageList1.Images[1];
            pictureBox6.Image = imageList1.Images[1];
        }
    }
}
```

学习情境4 运动控制卡的应用

项目 12 认识研华PCI-1245运动控制卡

学习目标

- 掌握 PCI-1245 运动控制卡的主要功能。
- 了解 PCI-1245 运动控制卡的引脚。
- 掌握运动控制卡的安装过程。
- 了解研华 Common Motion 开发工具包的安装和应用。

12.1 项 目 描 述

研华 PCI-1245 运动控制卡如图 12-1 所示。要求学生掌握研华 PCI-1245 运动控制卡的主要功能、安装方法、驱动软件的使用。

图 12-1 研华 PCI-1245L 运动控制卡

12.2 相关知识

12.2.1 运动控制板卡概述

1. 什么是运动控制卡

运动控制卡通常采用专业的运动控制芯片或高速 DSP 来满足一系列运动控制需求的控制单元，其可通过 PCI、PC/104 等总线接口安装到 PC 和工控机上，可与步进和伺服驱动器连接，驱动步进和伺服电机完成各种运动(单轴运动、多轴联动、多轴插补等)。运动控制卡还可以接收各种输入信号(限位原点信号，Sensor)，可输出控制继电器、电磁阀、气缸等元件。用户可使用 VC、VB 等开发工具，调用运动控制卡函数库，快速开发出软件。

Delta Tau PMAC 多轴运动控制卡如图 12-2 所示。雷赛运动控制卡如图 12-3 所示。

图 12-2 Delta Tau PMAC 多轴运动控制卡

图 12-3 雷赛运动控制卡

2. 运动控制卡的应用

运动控制卡具有性价比好、功能强大、开发便利等优势，广泛应用于切割机、点胶机、激光打标机、电路板钻/铣机、超声波焊机、丝印机、AOI 检测机、飞针测试机、激光焊接机、雕刻机、喷绘机、快速成型机等测量与自动化设备领域。

运动控制卡的主要厂商包括 Delta TAU（PMAC）、GALIL（DMC）、Bardor、Trio（英国翠欧）、NI、Advantech、Adlink、Googol（固高）、雷赛、众为兴、成都步进、摩信等。

AOI 光纤检测机如图 12-4 所示。激光运动切割机如图 12-5 所示。

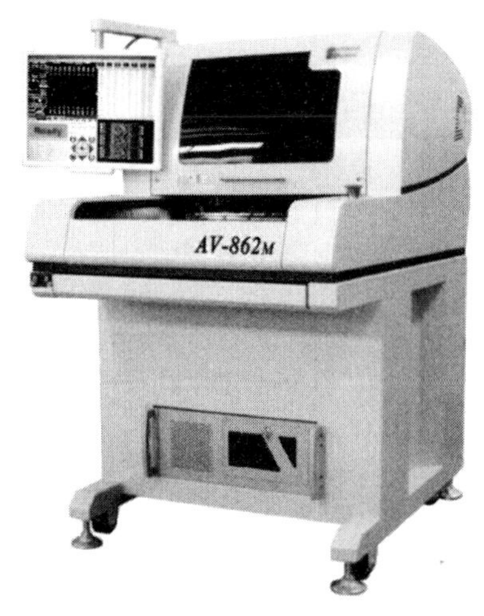

图 12-4　AOI 光纤检测机

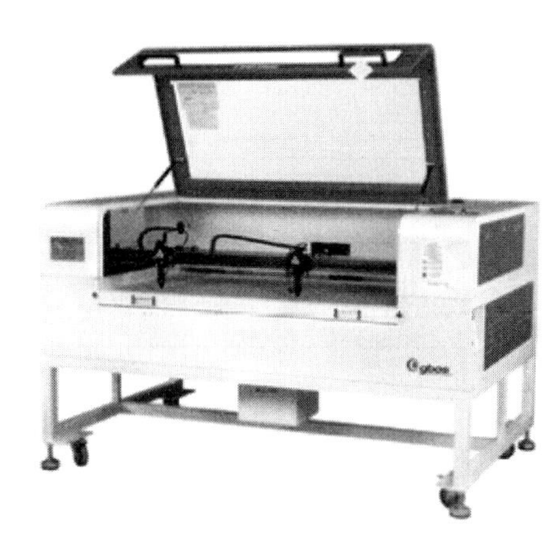

图 12-5　激光运动切割机

3．运动控制卡的分类

（1）按被控对象分类，可分为步进电机运动控制器、伺服电机运动控制器和步进和伺服电机都能控制的运动控制器。

（2）按结构进行分类，可分为以下三种：

① 基于计算机标准总线的运动控制器。总线形式上主要有 ISA 接口、PCI 接口、VME 接口、RS-232 接口和 USB 接口等。这种运动控制器大都采用 DSP 或微机芯片作为 CPU，同时随控制器还提供运动控制软件库，如 C 语言运动函数库、Windows DLL 动态链接库等，可在 DOS 或 Windows 等平台下自行开发应用软件，组成各种控制系统。

② Soft 型开放式运动控制器。Soft 型开放式运动控制器提供给用户很大的灵活性，它的运动控制软件全部装在计算机中，而硬件部分仅是计算机与伺服驱动和外部 I/O 之间的标准化通用接口，如同计算机中可以安装各种品牌的声卡、CDROM 和相应的驱动程序一样，可以在 Windows 系统中利用开放的运动控制内核开发所需的控制功能。

③ 嵌入式结构的运动控制器。这类运动控制器是把计算机嵌入运动控制器中的一种产品，它能够独立运行。运动控制器与计算机之间的通信依然是靠计算机总线，实质上是基于总线结构的运动控制器的一种变种。

（3）按被控量性质和运动控制方式分类，可分为以下三种：

① 点位运动控制器即仅对终点位置有要求，与运动的中间过程即运动轨迹无关。相应的运动控制器要求具有快速的定位速度，在运动的加速段和减速段，采用不同的加减速控制策略。点位运动控制器往往具有在线可变控制参数和可变加减速曲线的能力。

② 连续轨迹运动控制，该控制又称轮廓控制，主要应用于传统的数控系统、切割系统的运动轮廓控制。

③ 同步运动控制，是指多个轴之间的运动协调控制，可以是多个轴在运动全程中进行同步，也可以是在运动过程中的局部有速度同步，主要应用于需要有电子齿轮箱和电子凸轮功能的系统控制中。工业上有印染、印刷、造纸、轧钢、同步剪切等行业。

运动控制卡的系统结构如图 12-6 所示。

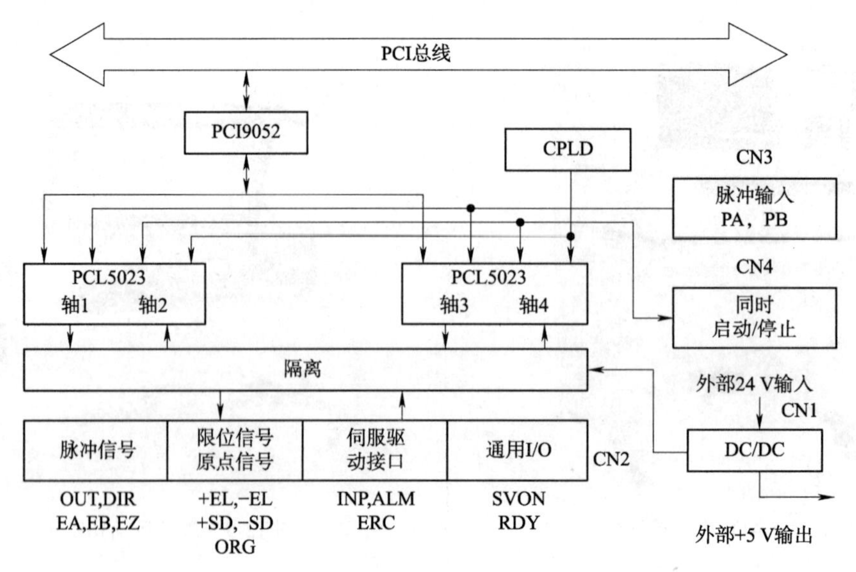

图 12-6 运动控制卡的系统结构

国产 Leadshine 运动控制卡 DMC1380 内部结构如图 12-7 所示。

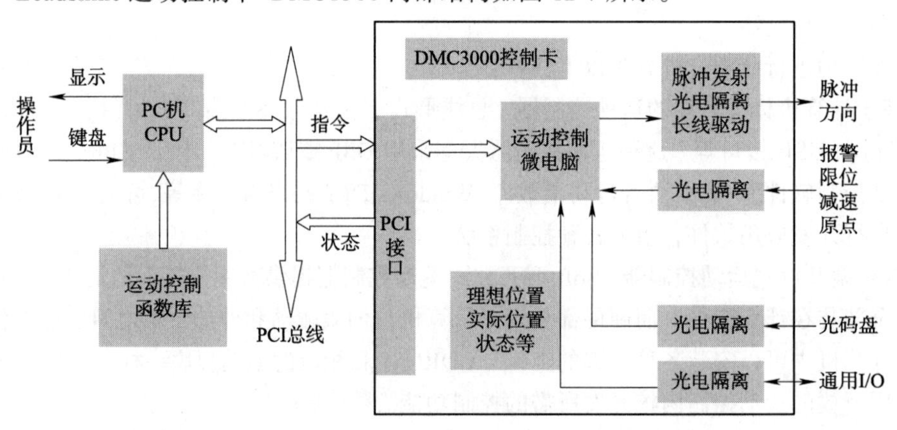

图 12-7 国产 Leadshine 运动控制卡 DMC1380 内部结构

12.2.2 研华 PCI-1245 运动控制卡的主要功能

1. 设备特性

PCI-1245L 是 4 轴的 SoftMotion PCI 总线控制器卡，专为各种电机自动化和其他机器自动化的广泛应用设计。PCI-1245L 支持以下 SoftMotion 特性：手轮及 MPG 控制、可编程的加速度和减速度；T&S 形速度曲线及 2 轴线性插补和同步起停等功能。研华运动控制器均采用 Common Motion API 架构，有统一的用户编程接口。该架构能够帮助用户轻松维护和升级应用。

PCI-1245L 具有以下特性：

（1）4xAB 模式的编码器输入为 4 MHz，CW/CCW 模式的编码器输入为 1 MHz。

（2）脉冲输出高达 1 MPPS，可经由跳线设置成差动输出或是单端+5 V 输出。

（3）硬件紧急输入。

（4）看门狗定时器。

（5）可编程中断。

（6）RDY 专用输入通道 & SVON/ERC 专用输出通道可切换用于通用输入和输出。

2. PCI-1245L I/O 接口针脚定义

PCI-1245L 的 I/O 接口是一个 100 针接口，可通过 PCL-10251 屏蔽电缆连接两个 ADAM-3955 端子板或是通过 PCL-101100M 屏蔽电缆连接一个 ADAM-3956 端子板。

PCI-1245L 的 I/O 接口引脚定义如图 12-8 所示。I/O 接口信号描述见表 12-1。

信号	引脚	引脚	信号
VEX	1	51	VEX
EMG	2	52	NC/EMG
X_LMT+	3	53	Z_LMT+
X_LMT−	4	54	Z_LMT−
X_IN1	5	55	Z_IN1
X_IN2/RDY	6	56	Z_IN2/RDY
X_ORG	7	57	Z_ORG
Y_LMT+	8	58	U_LMT+
Y_LMT−	9	59	U_LMT−
Y_IN1	10	60	U_IN1
Y_IN2/RDY	11	61	U_IN2/RDY
Y_ORG	12	62	U_ORG
X_INP	13	63	Z_INP
X_ALM	14	64	Z_ALM
X_ECA+	15	65	Z_ECA+
X_ECA−	16	66	Z_ECA−
X_ECB+	17	67	Z_ECB+
X_ECB−	18	68	Z_ECB−
X_ECZ+	19	69	Z_ECZ+
X_ECZ−	20	70	Z_ECZ−
Y_INP	21	71	U_INP
Y_ALM	22	72	U_ALM
Y_ECA+	23	73	U_ECA+
Y_ECA−	24	74	U_ECA−
Y_ECB+	25	75	U_ECB+
Y_ECB−	26	76	U_ECB−
Y_ECZ+	27	77	U_ECZ+
Y_ECZ−	28	78	U_ECZ−
X_IN4/JOG+	29	79	Z_IN4/JOG+
X_IN5/JOG−	30	80	Z_IN5/JOG−
Y_IN4/JOG+	31	81	U_IN4/JOG+
Y_IN5/JOG−	32	82	U_IN5/JOG−
EGND	33	83	EGND
X_OUT4	34	84	Z_OUT4
X_OUT5	35	85	Z_OUT5
X_OUT6/SVON	36	86	Z_OUT6/SVON
X_OUT7/ERC	37	87	Z_OUT7/ERC
X_CW+/PULS+/+5 V	38	88	Z_CW+/PULS+/+5 V
X_CW−/PULS−	39	89	Z_CW−/PULS−
X_CCW+/DIR+/+5 V	40	90	Z_CCW+/DIR+/+5 V
X_CCW−/DIR−	41	91	Z_CCW−/DIR−
EGND	42	92	EGND
Y_OUT4	43	93	U_OUT4
Y_OUT5	44	94	U_OUT5
Y_OUT6/SVON	45	95	U_OUT6/SVON
Y_OUT7/ERC	46	96	U_OUT7/ERC
Y_CW+/PULS+/+5 V	47	97	U_CW+/PULS+/+5 V
X_CW−/PULS−	48	98	U_CW−/PULS−
Y_CCW+/DIR+/+5 V	49	99	U_CCW+/DIR+/+5 V
Y_CCW−/DIR−	50	100	U_CCW−/DIR−

图 12-8　PCI-1245L 的 I/O 接口引脚定义

表 12-1　I/O 接口信号描述

信号名称	参考	方向	说明
VEX	—	输入	外部电源（DC 12 ~ 24 V）
EMG	—	输入	紧急停止（适用于所有轴）
LMT+	—	输入	+ 方向极限
LMT-	—	输入	- 方向极限
RDY	—	输入	伺服就绪
ORG	—	输入	原点位置
INP	—	输入	到位信号
ALM	—	输入	伺服报警
ECA+	—	输入	编码器相位 A+
ECA-	—	输入	编码器相位 A-
ECB+	—	输入	编码器相位 B+
ECB-	—	输入	编码器相位 B-
ECZ+	—	输入	编码器相位 Z+
ECZ-	—	输入	编码器相位 Z-
EGND	—	—	信号地
IN	EGND	输入	通用数字量输入
OUT	EGND	输出	通用数字量输出
SVON	EGND	输出	伺服使能
ERC	EGND	输出	清除误差计数器
CW+ / PULS+	EGND	输出	输出脉冲 CW/ 脉冲 +
CW- / PULS-	EGND	输出	输出脉冲 CW/ 脉冲 -
CCW+ / DIR+	EGND	输出	输出脉冲 CCW/DIR+
CCW- / DIR-	EGND	输出	输出脉冲 CCW/DIR-

注：

- X、Y、Z和 U分别表示每个轴的 ID。
- RDY 专用输入通道设计为可切换，并支持通用输入通道应用。
- SVON 和 ERC 专用输出通道设计为可切换，并支持通用输出通道应用。
- IN4 有三种切换功能：通用输入、JOG+和MPG+（手动脉冲器）。
- IN5 有三种切换功能：通用输入、JOG-和MPG-（手动脉冲器）。

12.2.3 信号连接

1. DIP 开关的位置

PCI-1245L 板卡有一个内置 DIP 开关 (SW1)，如图 12-9 所示。可用于定义每块板卡中运动实用程序的唯一识别码。当机箱内安装多块板卡时，板卡 ID 开关可通过每块卡的设备编号来帮助用户识别各个卡。板卡 ID 开关的出厂设置为 0。如果用户需要将其更改为其他数字，可参考图 12-10 设置 SW1。

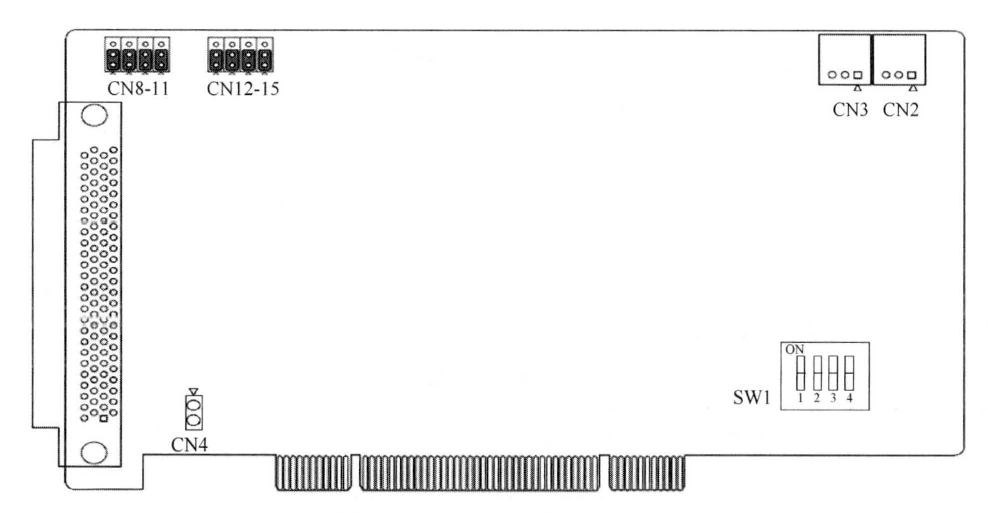

图 12-9 PCI-1245L 的 DIP 开关

板卡 ID 设置 (SW1)				
板卡 ID (Dec.)	开关位置			
	ID3 (1)	ID2 (2)	ID1 (3)	ID0 (4)
*0	●	●	●	●
1	●	●	●	❍
:				
14	❍	❍	❍	●
15	❍	❍	❍	❍

❍= 闭合 ●= 打开 * = 默认

图 12-10 Board ID 设置

2. 输出脉冲 [CW±/PULS±、CCW±/DIR±]

脉冲命令有两种类型：一种是顺时针/逆时针模式；另一种是脉冲/方向模式。CW+/PULS+ 和 CW−/PULS− 是差分信号对，CCW+/DIR+ 和 CCW−/DIR− 是不同的信号对。脉冲输出模式的默认设置为脉冲/方向。用户可通过编程修改输出模式。

图 12-11 所示的电路为预设的输出设定（CN8-15 的第一与第二接脚短路），是微分（差动）输出模式。若需改成单端输出，可以变更跳线接头。当 CN8-15 的第二与第三接脚短路，使任一轴在 I/O 接口引脚上的 CCW+/DIR+ 输出变成+5 V，如一起将 CN12 和 CN13 的第二与

第三接脚短路时，第 Z 轴的在图 12-11 中的 I/O 接口引脚之 CCW+/DIR+ 和 CW+/DIR+ 输出会变成+5 V。

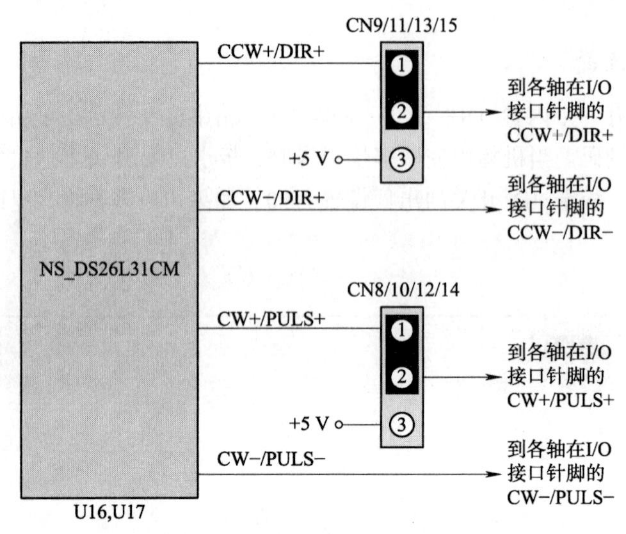

图 12-11 驱动脉冲的输出信号回路

CN8-15 跳线的设置见表 12-2。

表 12-2 CN8-15 跳线的设置

跳线	CN8	CN9	CN10	CN11	CN12	CN13	CN14	CN15
	I/O 接口引脚输出							
	Pin 99	Pin 97	Pin 49	Pin 47	Pin 90	Pin 88	Pin 40	Pin 38
	U_CCW+/ DIR+	U_CW+/ PULS+	Y_CCU+/ DIR+	Y_CW+/ PULS+	Z_CCW+/ DIR+	Z_CW+/ PULS+	X_CCW+/ DIR+	X_CW+/ X_CW+/
	+5 V	+5 V	+5 V	+5 V	+5 V	+5 V	+5 V	+5 V

光耦合器接口如图 12-12 所示。

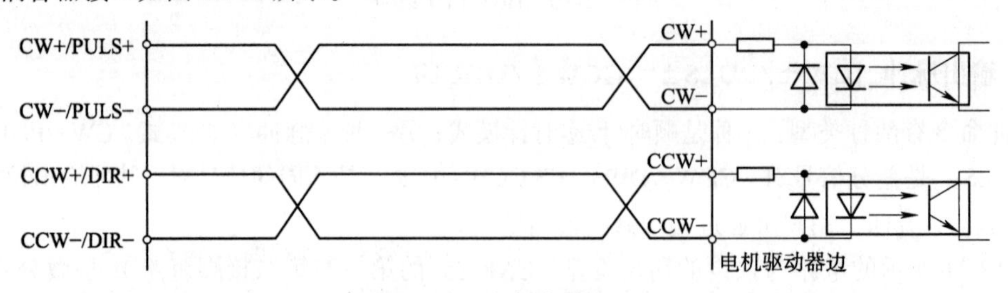

图 12-12 光耦合器接口

线性驱动接口如图 12-13 所示。

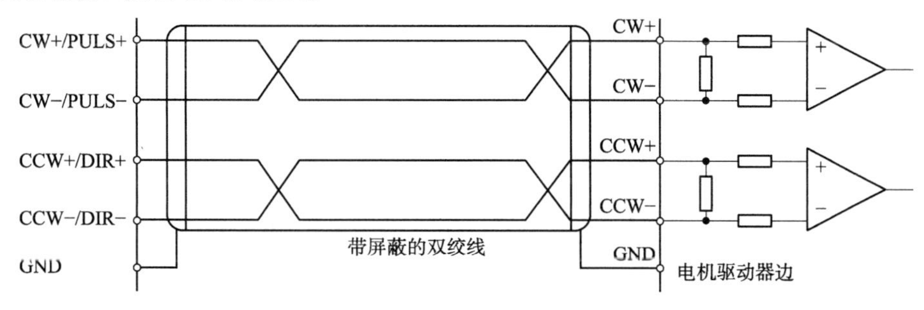

图 12-13　线性驱动接口

3．行程限位开关输入 [LMT+/−]

行程限位开关用于保护系统，如图 12-14 所示。该输入信号通过光耦合器和 RC 过滤器连接。采用限位开关时，外部电源 VEX DC 12～24 V 将成为光耦合器的电压源。因此，将启用越程功能。

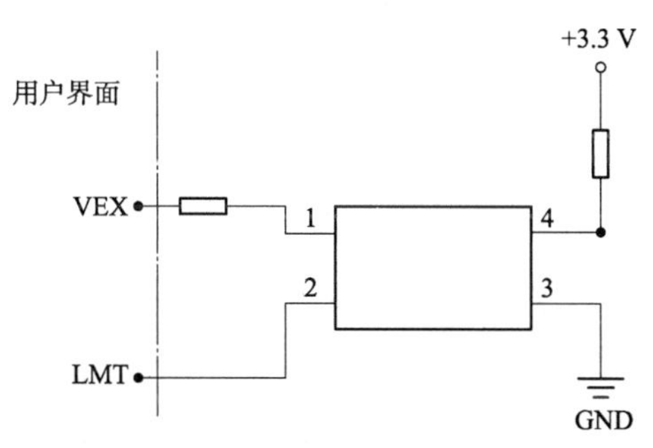

图 12-14　限位输入信号电路

4．伺服就绪信号 [RDY]

这是一个通用数字量输入，用于检查伺服驱动连接的伺服就绪状态。比如，在执行任何命令之前，用户可以检查状态。用户还能够将该 RDY 作为其他应用的通用输入。

5．原点位置 [ORG]

原点位置定义每个轴的原始位置或原始信号。

6．到位信号 [INP]

到位范围（或偏差）通常由伺服驱动定义。当电机运动并在该范围（或偏差）内汇聚时，伺服驱动将发出信号表示电机处于指到位置。

7．伺服误差&报警 [ALM]

该输入来自伺服驱动，将生成报警信号提示操作错误。

8．编码器输入 [ECA+/−、ECB+/−、ECZ+/−]

编码器反馈信号到达时，将 ECA+/ECA- 连接至编码器输出的相位 A。这是一个差分对。同样，也适用于 ECB+/− 和 ECZ+/−。PCI-1245L 的默认设置为正交输入（4xAB 相位）。编码器反馈电路图如图 12-15 所示。

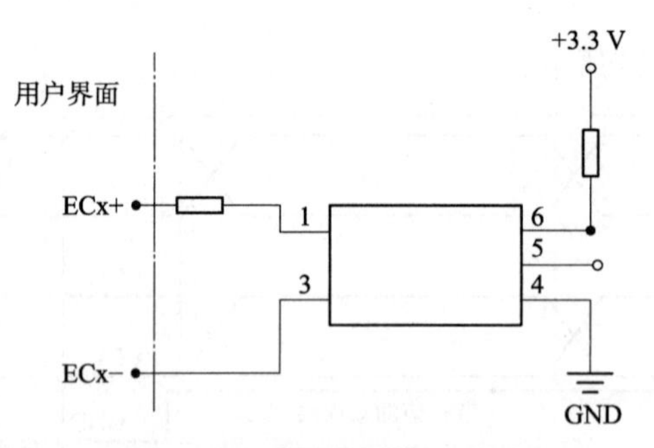

图 12-15　编码器反馈电路图

图 12-15 中，PCI-1245L 采用高速光耦合器用于隔离。源的编码器输出可为差分模式或开集模式。可接受的最大 4xAB 相位反馈频率约为 4 MHz。

9. 紧急停止输入（EMG）

紧急停止输入信号启用时，所有轴的驱动脉冲输出均停止。

该信号应用于与外部电源 DC 12 ~ 24 V 的组合应用中。由于光耦合器和 RC 过滤器的延迟，电路的响应时间约为 0.25 ms。外部电源输入（VEX）每个轴的所有输入信号都需要外部电源。急停输入信号电路图如图 12-16 所示。

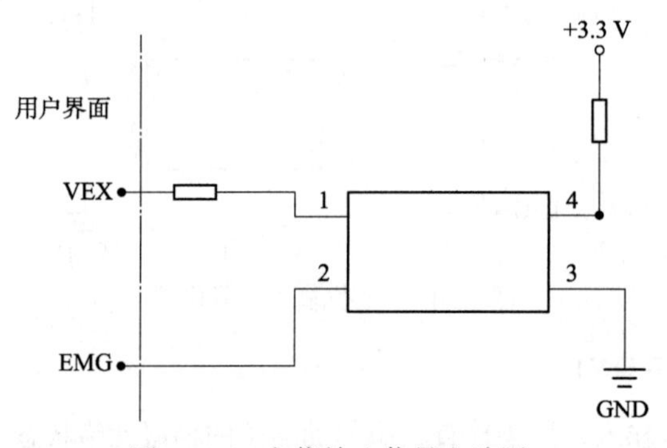

图 12-16　急停输入信号电路图

10. 激活开启伺服 [SVON]

SVON 会生成一个数字量输出，激活伺服驱动以进入运动状态。

11. 清除伺服误差计数器 [ERC]

伺服驱动可生成偏差计数器清除信号，板卡可接收该信号作为通用输入。以下情况将清除计数器：返回原点、紧急停止情况、伺服报警以及行程限位激活。

12. 数字量输入和输出

提供 PCI-1245L 的数字量输入和数字量输出之外部配线建议，如图 12-17 所示。

13. JOG 和 MPG

引脚定义 – X_IN4 & X_IN5 可支持 JOG 和 MPG 模式。这两个引脚可互相切换。X_IN4 有三种功能：通用数字量输入、JOG+ 和 MPG+。X_IN5 也有三种功能：通用数字量输入、JOG– 和 MPG–。同理，Y、Z、U 轴也具有同样功能。

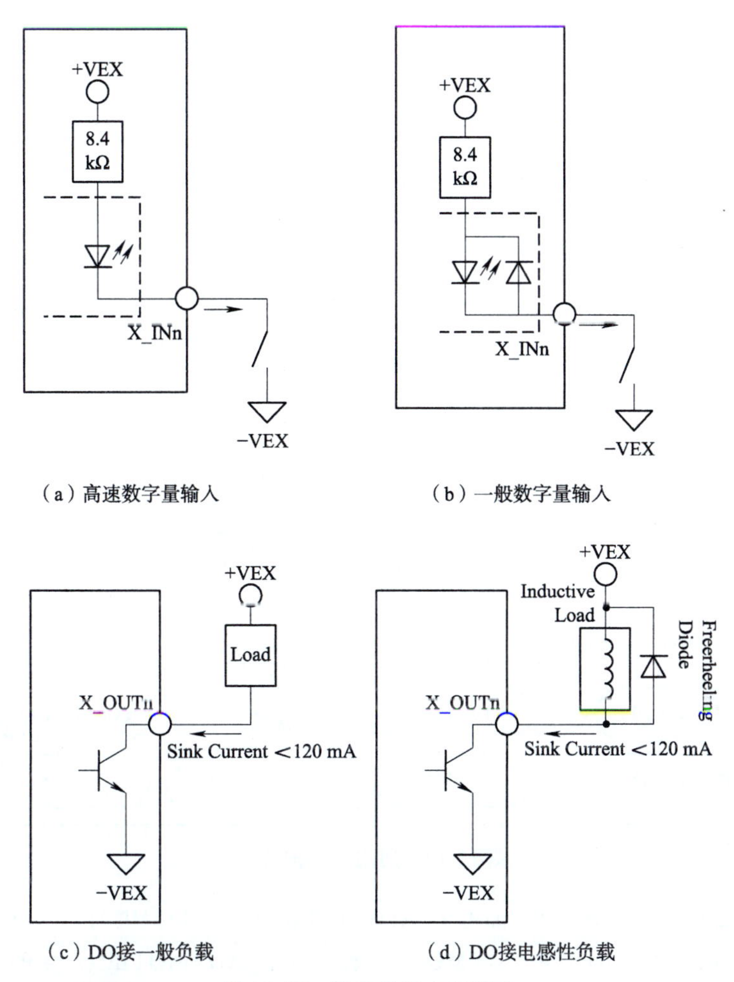

（a）高速数字量输入　（b）一般数字量输入

（c）DO接一般负载　（d）DO接电感性负载

图 12-17　数字量输入和输出

14. 多块板卡同时开始和停止

连接每块板卡上的 CN2 和 CN3 可支持多块板卡同时开始和停止。多块板卡连接，如图 12-18 所示。

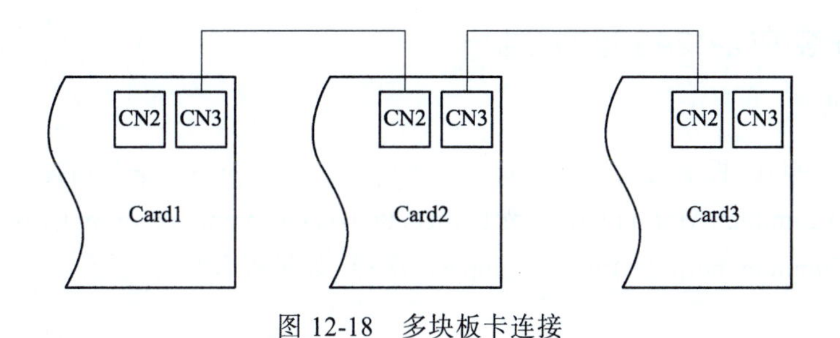

图 12-18　多块板卡连接

12.2.4　通用运动 API

为了统一用户接口，所有研华运动设备采用“通用运动架构”，如图 12-19 所示。该架构定义了所有用户接口和具有的所有运动功能，包括单个轴和多轴。这种统一的编程平台使用户能够以相同的方式操作设备。

该架构包括三层：设备驱动层、整合层和应用层。研华通用运动架构定义了三种类型的操作对象：设备、轴和群组。每个类型都有自己的方法、属性和状态。

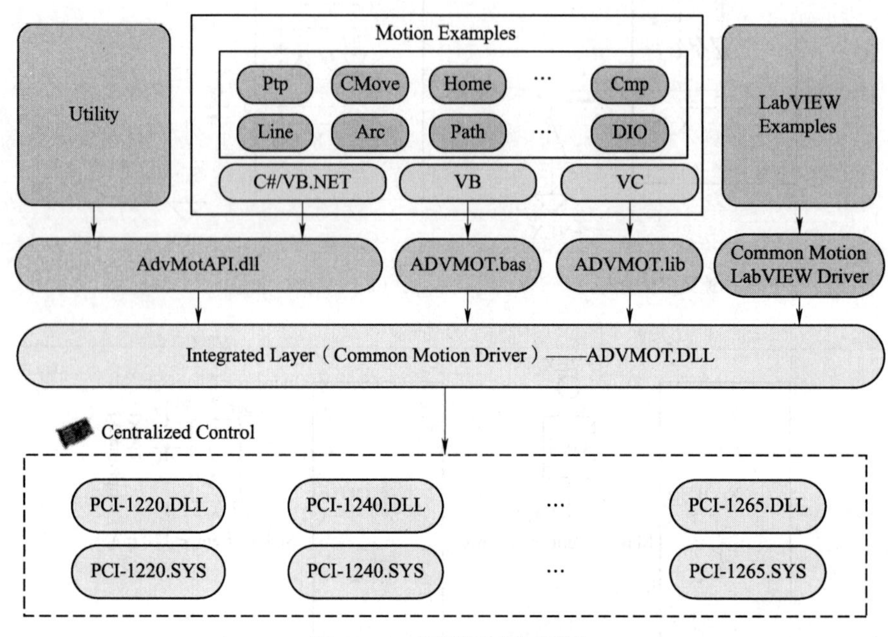

图 12-19　通用运动构架图

用于实现设备功能的所有 API 都可从 ADVMOT.dll（为用户提供的一个通用接口）获取。AdvMotAPI.dll、ADVMOT.bas 和 ADVMOT.lib 都是基于 ADVMOT.dll 产生的，方便用户轻松开发应用程序。AdvMotAPI.dll 用于 C#应用程序和 VB.NET 应用程序，包括 Utility、C# 示例和 VB.NET 示例。ADVMOT.bas 用于开发 VB 应用程序。ADVMOT.lib 用于开发 VC 应用程序。

12.3　项 目 实 施

任务 12-1　安装 PCI-1245 运动控制卡

1. 安装驱动

在安装 PCI-1245L 板卡之前，首先安装板卡驱动。驱动采用研华公司提供的通用 DLL 驱动——Advantech Common Motion Driver & Utility，PCI-1245Common motion Utility_Examples_x64（或者 PCI-1245Common motion Utility_Examples_x86），如果板卡脱机运行，还可以选择安装虚拟轴 VirtualDevice。

2. 安装硬件

（1）断开连接到计算机后部的电源线和其他电缆。

（2）选择一个未占用的+3.3/+5 V PCI 卡插槽。卸下将扩展槽盖固定在系统中的螺钉。保存好固定接口卡支架的螺钉。

（3）小心握住 PCI-1245L 板卡上部边缘。将板卡轻轻插入插槽中并固定。

（4）用螺钉将 PCI 卡托架固定在计算机后面板导轨上。

（5）将所需附件（电缆、接线端子等）连接至 PCI 卡。

（6）开启计算机。

任务 12-2　测试 PCI-1245 运动控制卡

测试工具按照通用运动架构由.NET 控件类库开发。.NET 控件类库包括组件（Device、Axis 和 Group）以及控件（AxisSetupView、AxisScopeView、AxisDiagView、GroupPathView 和 Group SpeedView）。

主要测试内容如下：

（1）Main Form：包括主菜单、工具栏和设备树。

（2）Single-axis Motion：主要介绍单轴的 I/O 和属性配置、状态和运动操作（点对点/连续/ 返回原点运动）。

（3）Multi-axis Motion：主要介绍轴组（Group）的插补运动操作，包括直线运动。

（4）Synchronized Motion：主要介绍同步运动操作。

（5）Digital Input：展示 Device 的数字输入端口状态。

（6）Digital Output：展示 Device 的数字输出端口状态。

测试界面如图 12-20 所示。

图 12-20　测试界面

单轴测试界面如图 12-21 所示。

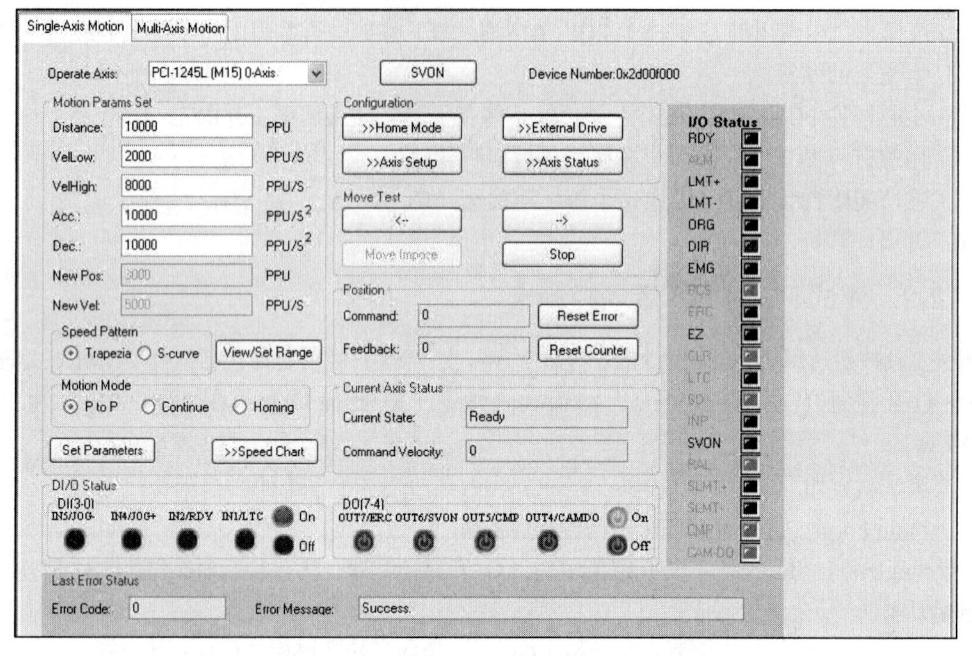

图 12-21 单轴测试界面

多轴测试界面如图 12-22 所示。

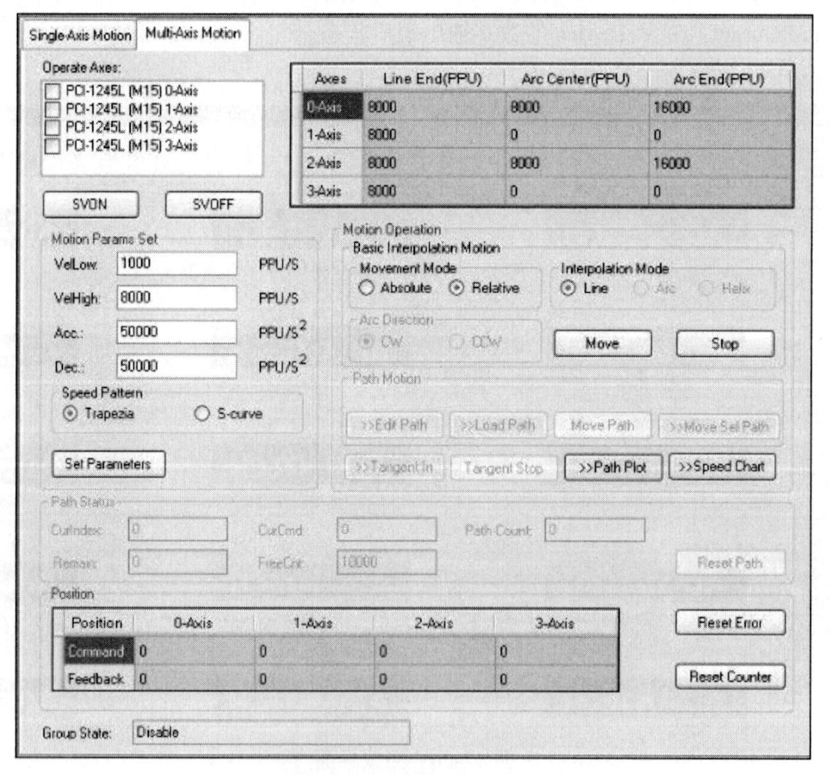

图 12-22 多轴测试界面

项目 13 运动控制板卡的单轴运动

学习目标

- 掌握步进电机的组成和工作原理。
- 掌握伺服系统的分类和工作原理。

13.1 项 目 描 述

研华 PCI-1245 运动控制卡连接步进驱动器和电机，如图 13-1 所示，测试单轴运行功能。要求学生掌握系统的硬件连接和软件编程。

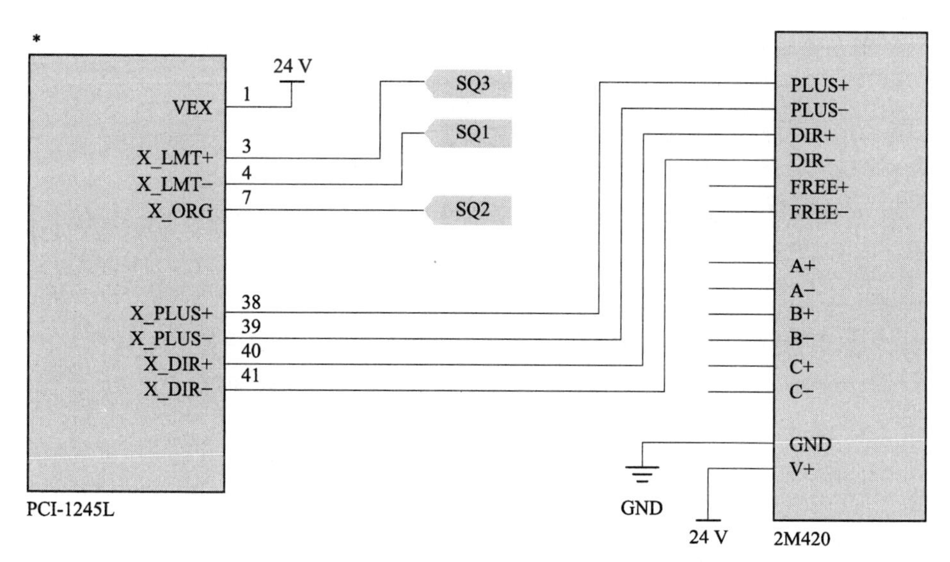

图 13-1 研华 PCI-1245L 运动控制卡连接步进驱动器和电机

13.2 相关知识

13.2.1 步进电机工作原理

1. 步进电机结构特点

驱动器和电机如图 13-2 所示。

图 13-2 驱动器和电机

原理：输出角位移与输入脉冲成正比，转速与脉冲频率成正比，控制输入脉冲数量、频率及电机各相绕组的通电顺序，就可以得到各种需要的运行特性。

特点：步进电机按外施加脉冲指令一步步旋转，调速范围宽，易于控制，停机后具有自锁功能；结构简单，易于维护成本低，可靠性高，用于小型和速度、精度要求不高的场合。

缺点：失步，大负载和高速环境中易发生。横流斩波、PWM 驱动、微步驱动、超微步驱动技术发展，使得低频振荡得以改善。

2. 步进电机运行特性

运转需要的三要素为控制器、驱动器、步进电机，如图 13-3 所示。

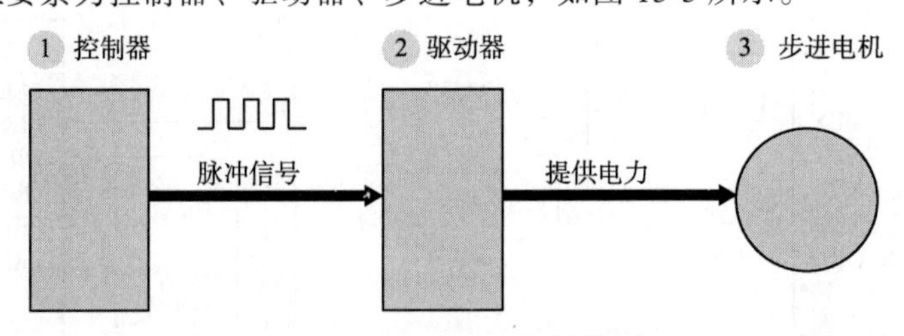

图 13-3 电动机运行结构图

设定脉冲数即可达到正确的定位运转，运转量与脉冲数的比例关系如图 13-4 所示。

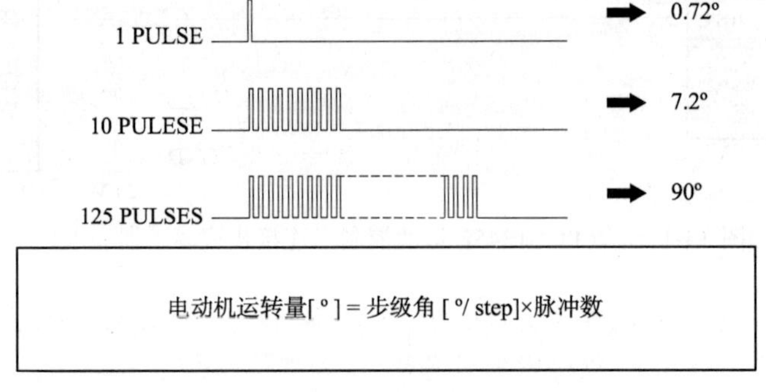

图 13-4 运转量与脉冲数的比例关系

设定脉冲速度（频率）即可达到正确的运转速度控制，运转速度与脉冲频率度的比例关系如图 13-5 所示。

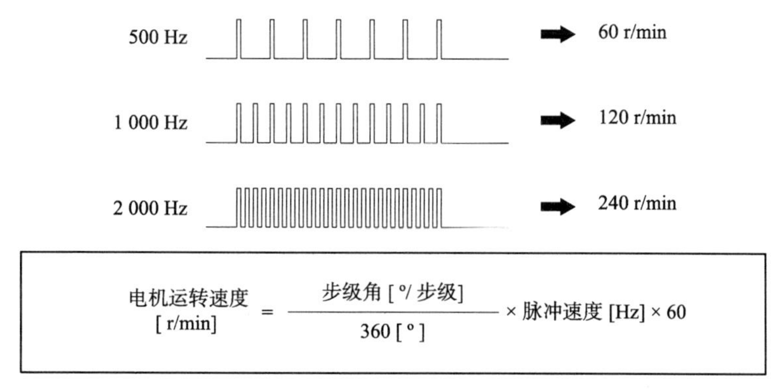

电机运转速度 [r/min] = 步级角 [°/ 步级] / 360 [°] × 脉冲速度 [Hz] × 60

图 13-5　运转速度与脉冲频率度的比例关系

3．步进电机控制信号连接方法

步进电机驱动器控制实例如图 13-6 所示。

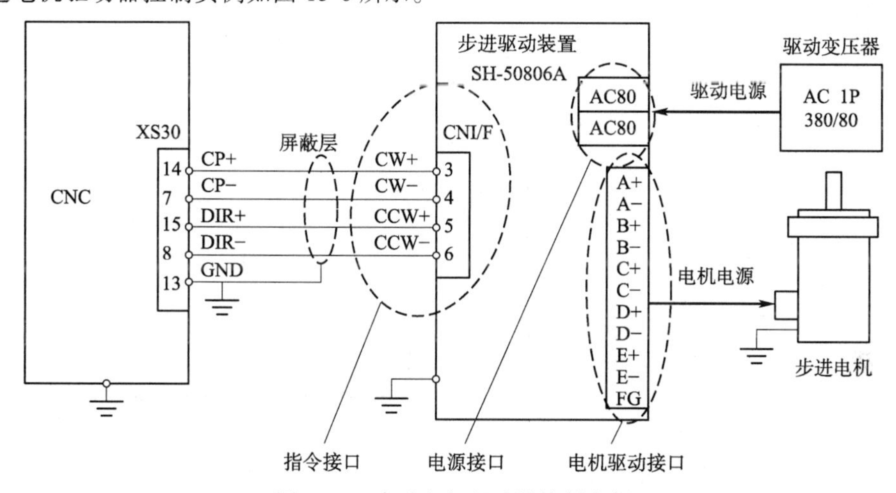

图 13-6　步进电机驱动器控制实例

一般运动控制卡采用脉冲信号加方向信号的输出模式，与驱动器的电路接线有两种接线方式：差分驱动接线（见图 13-7）和单端驱动接线分为共阳极接法和共阴极接法，（见图 13-8 和图 13-9）。单端信号指的是用一个线传输的信号，是在一根导线上传输的与地之间的电平差；差分信号指的是用两根线传输的信号，传输的是两根信号之间的电平差。

想要做到运动控制卡正常发脉冲并驱动驱动器和电机正常运行，其接线方式和运动控制卡上的相应跳线设置必须一致。运动控制卡提供了单端和差分跳线选择，用于设置差分和单端驱动方式。出厂默认设置是差分驱动方式。

4．步进控制系统主要故障及诊断

（1）电机不转：驱动器直流供电电压不正常；驱动器保险丝熔断；驱动器报警（过电压、欠电压、过电流、过热）；驱动器与电机连线不正常；无使能信号；信号线接触不良；指令脉冲太窄、频率过高、脉冲电平太低；系统参数设置不当；电机故障。

（2）电机起动后堵转：指令频率太高；负载转矩或惯量太大；加速时间太短；电源电压降低。

（3）电机抖动：指令脉冲不均匀或太窄或脉冲电平不正确；指令脉冲电平与驱动器不匹配；脉冲信号存在噪声；脉冲频率与机械发生共振。

（4）定位不准：加减速时间太短；存在干扰噪声；系统屏蔽不良。

（5）进给方向相反：指令信号线接反；驱动器与电机的相序线接错；系统参数设置不当（系统电子齿轮比）。

（6）实际进给速度与指令值不符：驱动器拨动开关设置不当；系统参数设置不当。

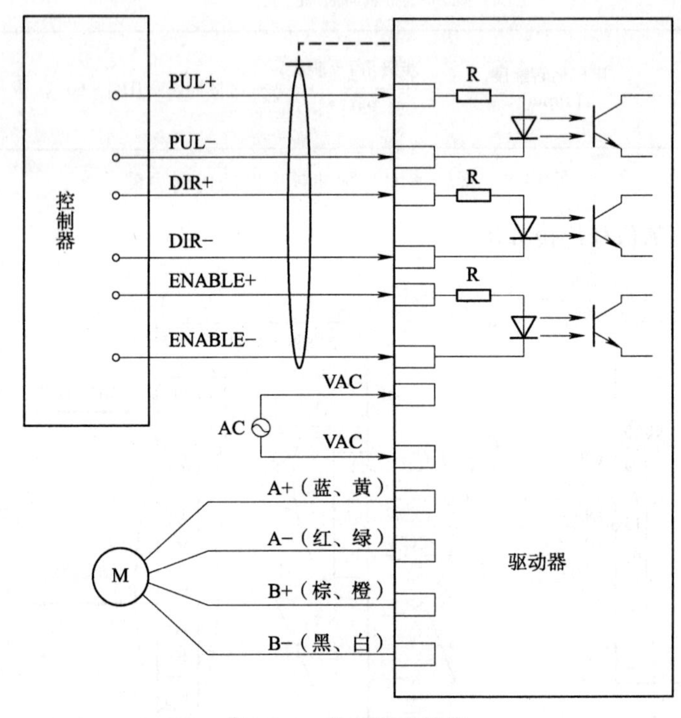

图 13-7　差分驱动接线

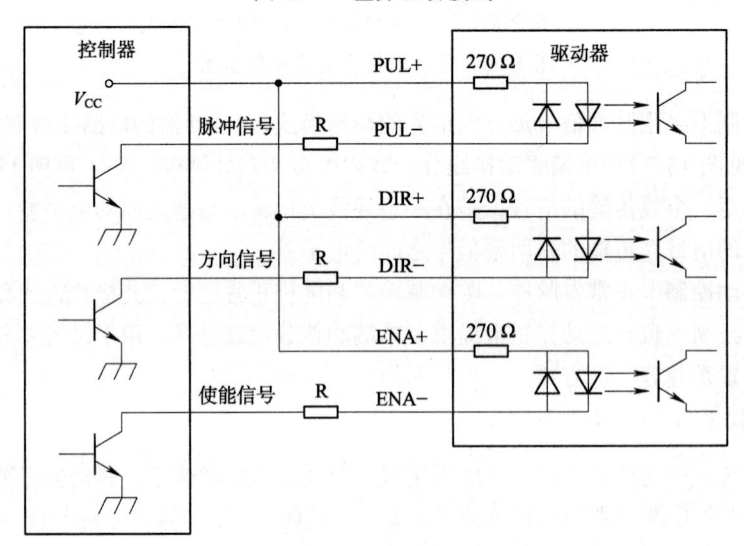

图 13-8　共阳极接法

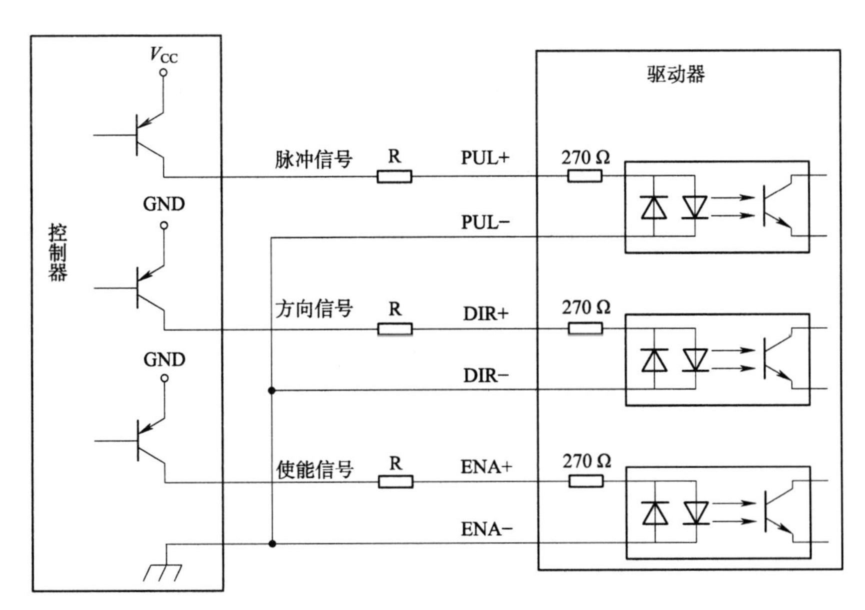

图 13-9　共阴极接法

13.2.2　伺服控制系统概述

1. 伺服系统的定义

伺服系统（Feed Servo System）是指以移动部件的位置和速度作为控制量的自动控制系统。

数控机床的伺服系统按其功能可分为进给伺服系统和主轴伺服系统。主轴伺服系统用于控制机床主轴的转动。进给伺服系统是以机床移动部件（如工作台）的位置和速度作为控制量的自动控制系统，通常由伺服驱动装置、伺服电机、机械传动机构及执行部件组成。

进给伺服系统的作用：接收数控装置发出的进给速度和位移指令信号，由伺服驱动装置进行一定的转换和放大后，经伺服电机（直流、交流伺服电机、功率步进电机等）和机械传动机构，驱动机床的工作台等执行部件实现工作进给或快速运动。

数控机床的进给伺服系统能根据指令信号精确地控制执行部件的运动速度与位置，以及几个执行部件按一定规律运动所合成的运动轨迹。如果把数控装置比作数控机床的“大脑”，是发布“命令”的指挥机构，那么伺服系统就是数控机床的“四肢”，是执行“命令”的机构，它是一个不折不扣的跟随者。

2. 伺服系统的组成

数控机床闭环进给系统的一般结构如图 13-10 所示，这是一个双闭环系统，内环为速度环，外环为位置环。速度环由速度控制单元、速度检测装置等构成。速度控制单元是一个独立的单元部件，它是用来控制电机转速的，是速度控制系统的核心。速度检测装置有测速发电机、脉冲编码器等。位置环是由 CNC 装置中的位置控制模块、速度控制单元、位置检测及反馈控制等部分组成。

由速度检测装置提供速度反馈值的速度环控制在进给驱动装置内完成，而装在电动机轴上或机床工作台上的位置反馈装置提供位置反馈值构成的位置环由数控装置来完成。从外部来看，伺服系统是一个以位置指令输入和位置控制为输出的位置闭环控制系统。但从内部的实际工作来看，它是先把位置控制指令转换成相应的速度信号后，通过调速系统驱动伺服电机，才实现实际位移的。

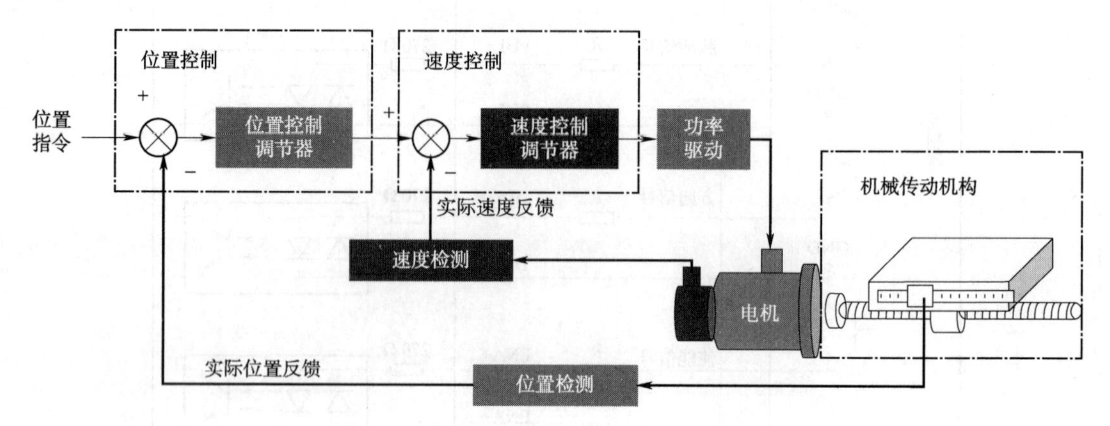

图 13-10　数控机床闭环进给系统的一般结构

常用的伺服系统部件如图 13-11 所示。

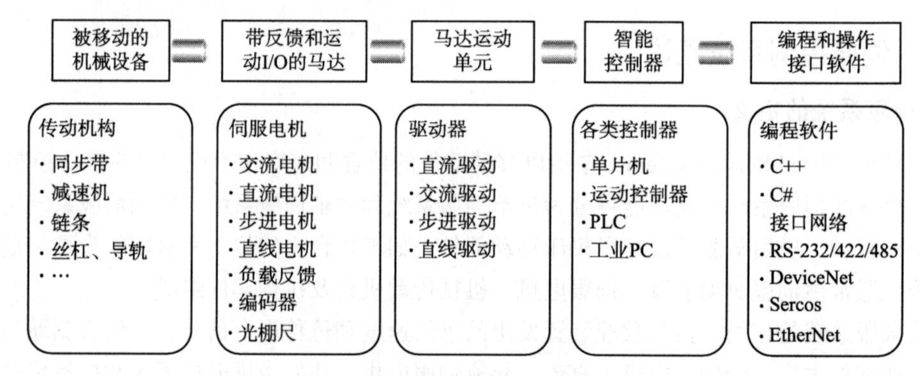

图　13-11　常用的伺服系统部件

直线运动设备如图 13-12 所示。

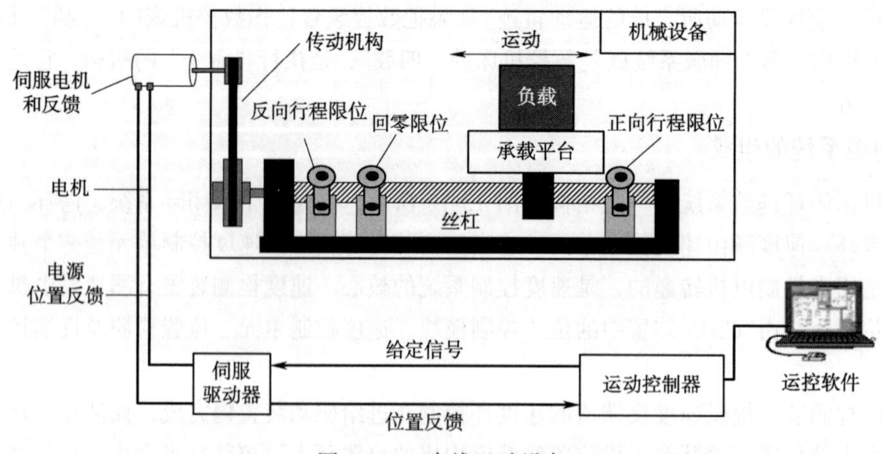

图 13-12　直线运动设备

3．伺服系统的类型分类

数控机床的伺服系统按其控制原理和有无位置反馈装置分为开环和闭环伺服系统；按其用途和功能分为进给驱动系统和主轴驱动系统；按其驱动执行元件的动作原理分为电液伺服驱动系统和电气伺服驱动系统。电气伺服驱动系统又分为直流伺服驱动系统、交流伺服驱动系统及直线电动机伺服系统。

（1）开环伺服系统。采用步进电机作为驱动元件，它没有位置反馈回路和速度反馈回路，因此设备投资低，调试维修方便，但精度差，高速扭矩小，被用于中、低档数控机床及普通机床改造。如图 13-13 所示为开环伺服系统简图，步进电机转过的角度与指令脉冲个数成正比，其速度由进给脉冲的频率决定。

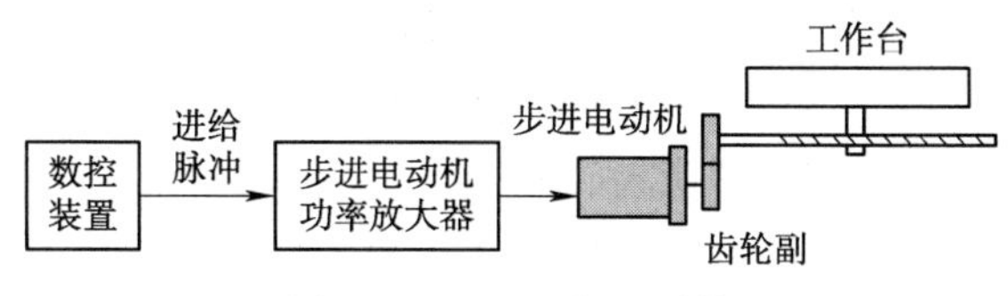

图 13-13　开环伺服系统

（2）闭环伺服系统，又可进一步分为闭环和半闭环伺服系统。闭环伺服系统的位置检测装置安装在机床的工作台上（见图 13-14），检测装置测出实际位移量或者实际所处位置，并将测量值反馈给 CNC 装置，与指令进行比较，求得差值，依此构成闭环位置控制。闭环方式被大量用在精度要求较高的大型数控机床上。

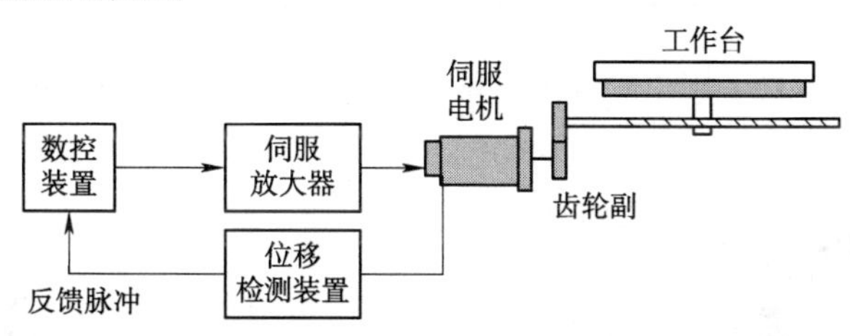

图 13-14　半闭环伺服系统

半闭环伺服系统（见图 13-15）一般将位置检测元件安装在电机轴上，用以精确控制电机的角度，然后通过滚珠丝杠等传动部件，将角度转换成工作台的位移，为间接测量。即坐标运动的传动链有一部分在位置闭环以外，其传动误差没有得到系统的补偿，因而半闭环伺服系统的精度低于闭环系统。目前在精度要求适中的中小型数控机床上，使用半闭环系统较多。

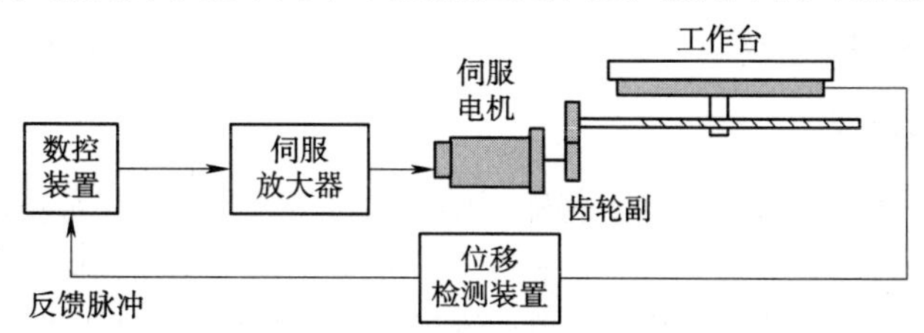

图 13-15　全闭环伺服系统

4．伺服控制系统的机械运动的轨迹

（1）点位控制(Position Control)/点到点控制(Point to Point Control)。从某一位置向另一位置移

动时，不管中间的移动轨迹如何，只要最后能正确到达目标位置即可。

（2）直线控制(Strait Control)/平行控制(Parallel Control)。除控制点到点的准确位置之外，还要保证两点之间移动的轨迹是一条直线，同时控制移动速度。

（3）轮廓控制(Contouring Control)/连续轨迹控制(Continuous Path Control)。对两个或多个运动坐标的位移及速度进行连续相关的控制，可进行曲线或曲面运动。

13.2.3 伺服控制系统中传感器

1．概述

伺服系统中要控制的量是电机的位移、速度、加速度和力矩。只有先通过传感器将这些量测量出来，才能实现闭环控制。因此，要了解各种传感器的工作原理、技术指标及其特点，才能正确选用。传感器的输出一般都是电信号。为使其能与系统控制器的接口相匹配或传送方便，往往要通过信号处理电路将传感器的输出转换成数字信号。

图 13-16 是闭环控制系统框图，$r(t)$为输入信号，$c(t)$为输出信号，传感器位于闭环系统的反馈通道上，可以将输出信号的信息反馈到输入端。

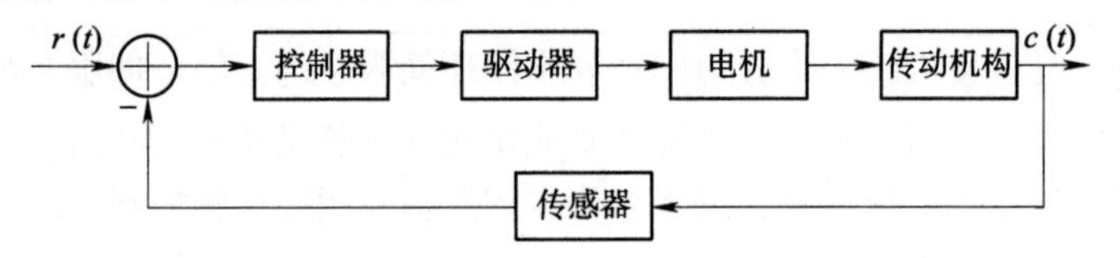

图 13-16 传感器在伺服系统中的位置

旋转编码器（见图 13-17）用于测量角位移，光栅尺（见图 13-18）用于测量直线位移。

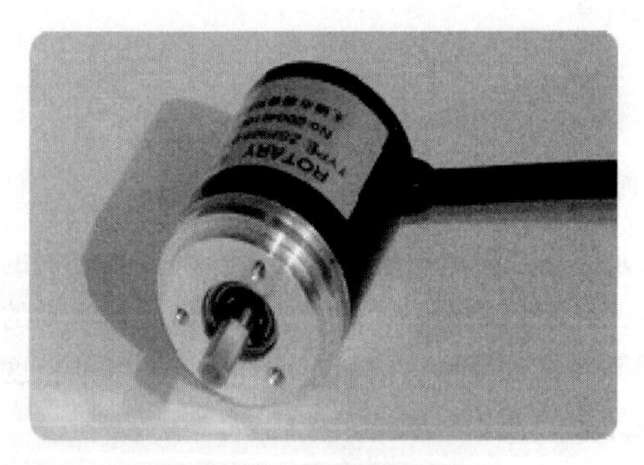

图 13-17 旋转编码器

图 13-18 光栅尺

2．光电编码器的原理

光电编码器是指一种通过光电转换，将输至轴上的机械、几何位移量转换成脉冲或数字量的传感器，它主要用于速度或位置（角度）的检测。光电编码器是集光、机、电为一体的数字化检测装置，它具有分辨率高、精度高、结构简单、体积小、使用可靠、易于维护、性价比高等优点。典型的光电编码器由码盘（Disk）、检测光栅（Mask）、光电转换电路（包括光源、光敏器件、信号转换电路）及机械部件等组成。

光电编码器的内部结构如图 13-19 所示。

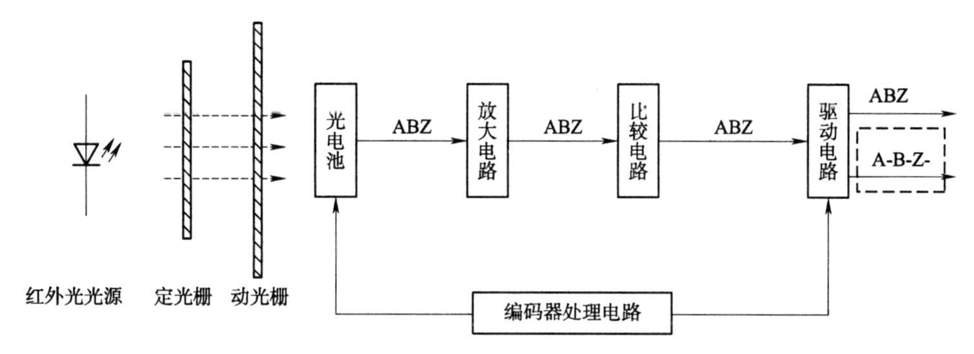

图 13-19　光电编码器的内部结构

光电编码器输出的信号如图 13-20 所示。

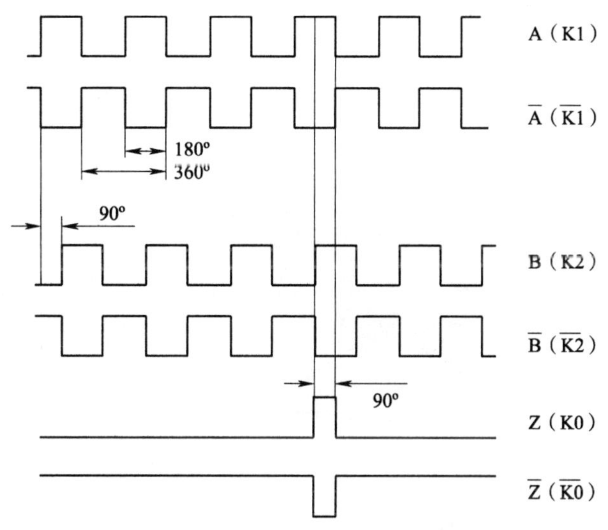

图 13-20　光电编码器输出的信号

增量式光电编码器的内部结构如图 13-21 所示。

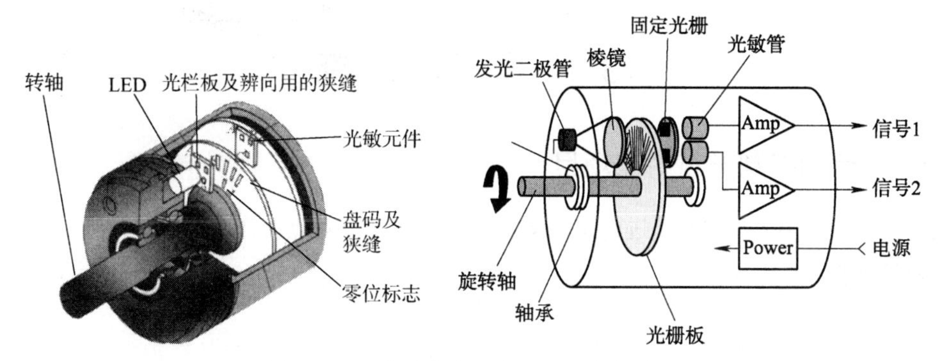

图 13-21　增量式光电编码器的内部结构

增量式编码器的组成：光源、转盘（动光栅）、遮光板（静光栅）、光敏元件。

工作原理：转盘一圈码道均匀光刻一定数量的光栅，转盘转动，通过光栅作用，持续不断地开放和关闭光通道，在接收装置输出频率与转速成正比的方波序列，从而计算转速。遮光板所刻的两条缝隙错开动光栅（整数+1/4）节距，使输出信号的电角度相差 90° 。

输出信号为一串脉冲，每一个脉冲对应一个分辨角 α，如图 13-22 所示。对脉冲进行计数 N，就是对 α 的累加，即角位移 $\theta = \alpha N$。

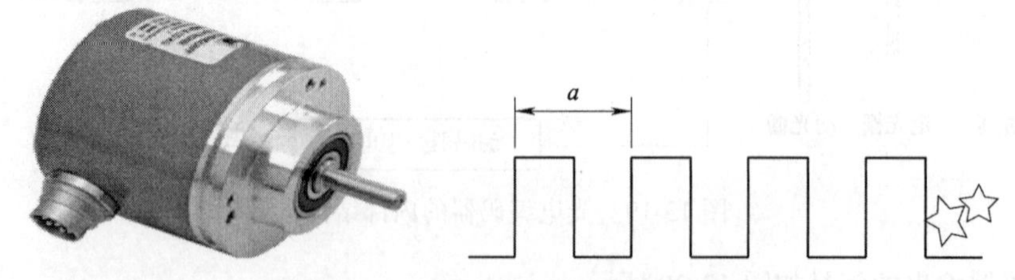

图 13-22 增量式光电编码器输出波形

例如，$\alpha = 0.352°$，脉冲 $N = 1\ 000$，则 $\theta = 0.352° \times 1\ 000 = 352°$。

光敏元件所产生的信号 A、B 彼此相差 90°相位，用于辨向，如图 13-23 所示。当码盘正转时，A 信号超前 B 信号 90°；当码盘反转时，B 信号超前 A 信号 90°。

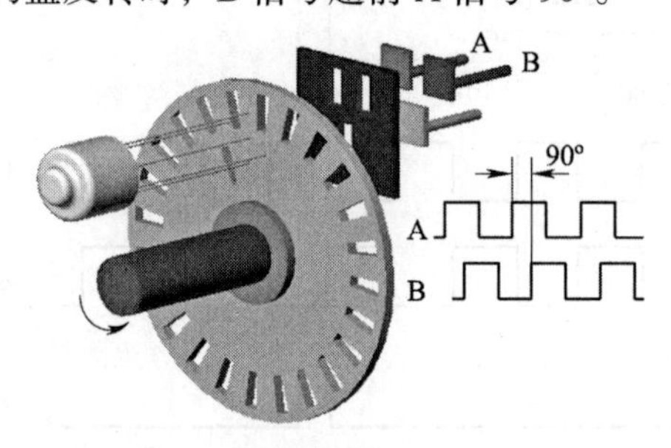

图 13-23 A、B 的相位决定运动方向

脉冲电压量与所测运动量间的关系如下：

- 脉冲电压的周期数（称为测量周期数）反映了轴的旋转位移量或工作台的直线位移量。
- 脉冲电压的频率反映了轴的旋转速度或工作台的直线位移速度。
- 电压 U_a和 U_b的相位关系决定了轴或工作台的运动方向。

13.3 项 目 实 施

任务 13-1 运动控制卡点对点项目

要求：采用 PCI-1245 控制步进电机的运行，实行单轴点对点动作。

1. 硬件连接

见图 13-1。

2. 软件设计

软件设计采用分步完成，更利于对语句的理解。

（1）采用 C#编程，单窗口设计。窗口界面如图 13-24 所示。

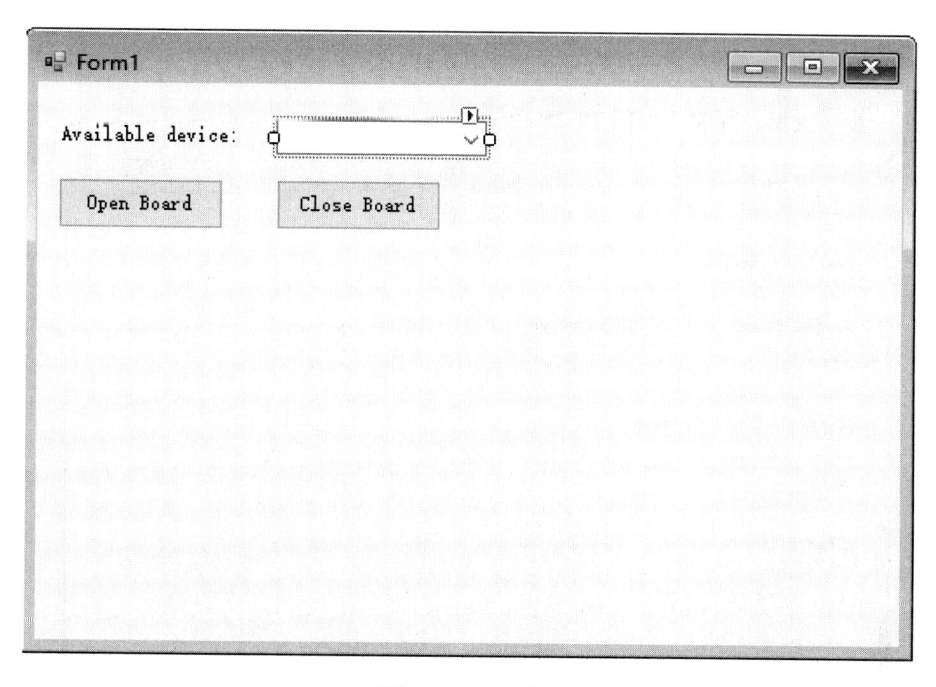

图 13-24　窗口界面

界面所需控件见表 13-1。

表 13-1　界面所需控件

控件名称	控件类型
ComboBox	CmbAvailableDevice

① 在引用文件中添加 ADVmotapi.dll 文件。

② 在 Form1. cs 文件顶部添加如下语句：

```
using Advantech.Motion;//Common Motion API
```

③ 在 Form1. cs 文件顶端添加如下全局变量：

```
DEV_LIST[] CurAvailableDevs = new DEV_LIST[Motion.MAX_DEVICES];
uint deviceCount = 0;
uint DeviceNum = 0;
```

④ 在 Form1_Load 函数中添加如下语句：

```
Motion.mAcm_GetAvailableDevs(CurAvailableDevs, Motion.MAX_DEVICES,
                             ref deviceCount);
CmbAvailableDevice.Items.Clear();
for (int i = 0; i < deviceCount; i++)
{
    CmbAvailableDevice.Items.Add(CurAvailableDevs[i].DeviceName);
}
if (deviceCount > 0)
{
    CmbAvailableDevice.SelectedIndex = 0;
```

```
        DeviceNum = CurAvailableDevs[0].DeviceNum;
}
```

（2）进一步完成窗口界面，如图 13-25 所示。

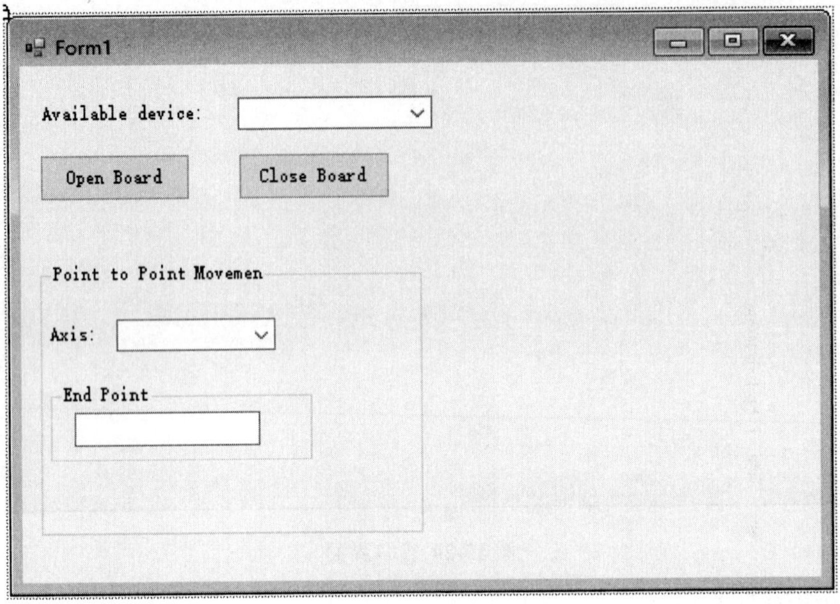

图 13-25　窗口界面

界面所需控件见表 13-2。

表 13-2 界面所需控件

控件	Name
ComboBox	CmbAxes
TextBox	TextBox1
Button	BtnOpenBoard
Button	BtnCloseBoard

①　在 Form1. cs 文件顶端添加如下全局变量：

```
IntPtr m_DeviceHandle = IntPtr.Zero;
IntPtr[] m_Axishand = new IntPtr[32];
```

② 在 BtnOpenBoard_Click 函数中添加如下语句：

```
uint i = 0;
uint AxisNumber = 0;//初始化为 0
uint buffLen = 4;
Motion.mAcm_DevOpen(DeviceNum, ref m_DeviceHandle); //打开驱动器
Motion.mAcm_GetProperty(m_DeviceHandle, (uint)PropertyID.FT_DevAxesCount,
                        ref AxisNumber, ref buffLen);//得到属性
CmbAxes.Items.Clear();
for (i = 0; i < AxisNumber; i++)
{
```

```
        Motion.mAcm_AxOpen(m_DeviceHandle, (UInt16)i, ref m_Axishand[i]);
                                                              //打开轴
        CmbAxes.Items.Add(String.Format("{0:d}-Axis", i));
        double cmdPosition = new double();
        cmdPosition = 0;
        Motion.mAcm_AxSetCmdPosition(m_Axishand[i], cmdPosition);
}
CmbAxes.SelectedIndex = 0;
```

（3）继续完成窗口界面，如图 13-26 所示。

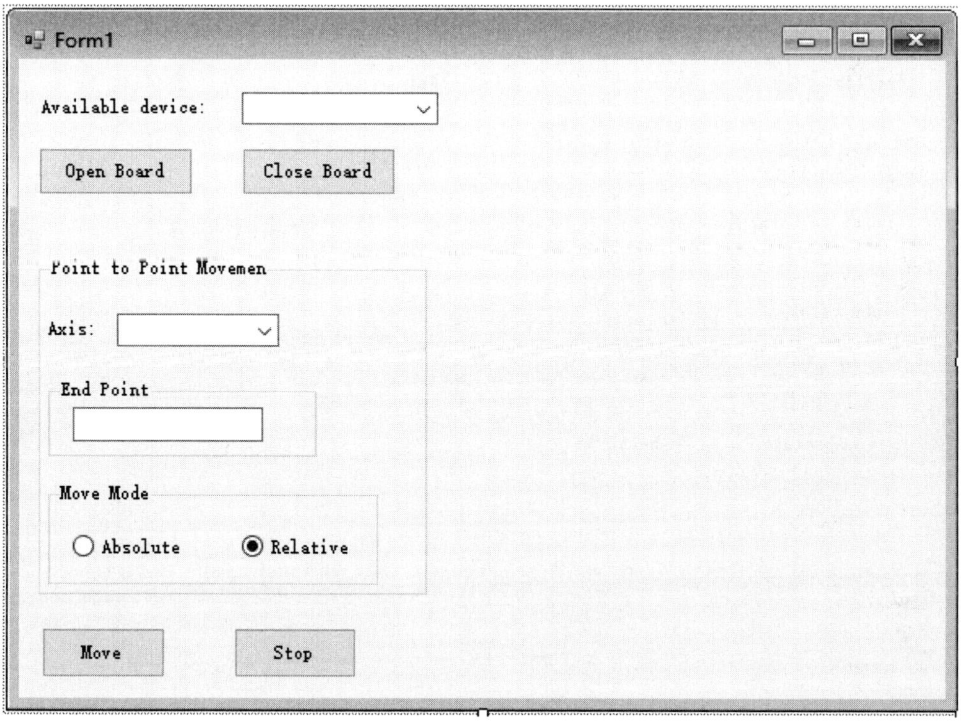

Form1
Available device:
Open Board　Close Board
Point to Point Movemen
Axis:
End Point
Move Mode
Absolute　Relative
Move　Stop

图 13-26　窗口界面

界面所需控件见表 13-3。

表 13-3 界面所需控件

控件	Name
RadioButton	radioButAbs
RadioButton	radioButRel
Button	BtnMove
Button	BtnStop

产生 BtnMove_Click 函数，并添加如下语句：

```
if (radioButRel.Checked)
{
    Motion.mAcm_AxMoveRel(m_Axishand[CmbAxes.SelectedIndex],
```

```
    Convert.ToDouble(textBoxPos.Text));
}
else
{
    Motion.mAcm_AxMoveAbs(m_Axishand[CmbAxes.SelectedIndex],
    Convert.ToDouble(textBoxPos.Text));
}
```

(4)继续完成窗口界面，如图 13-27 所示。

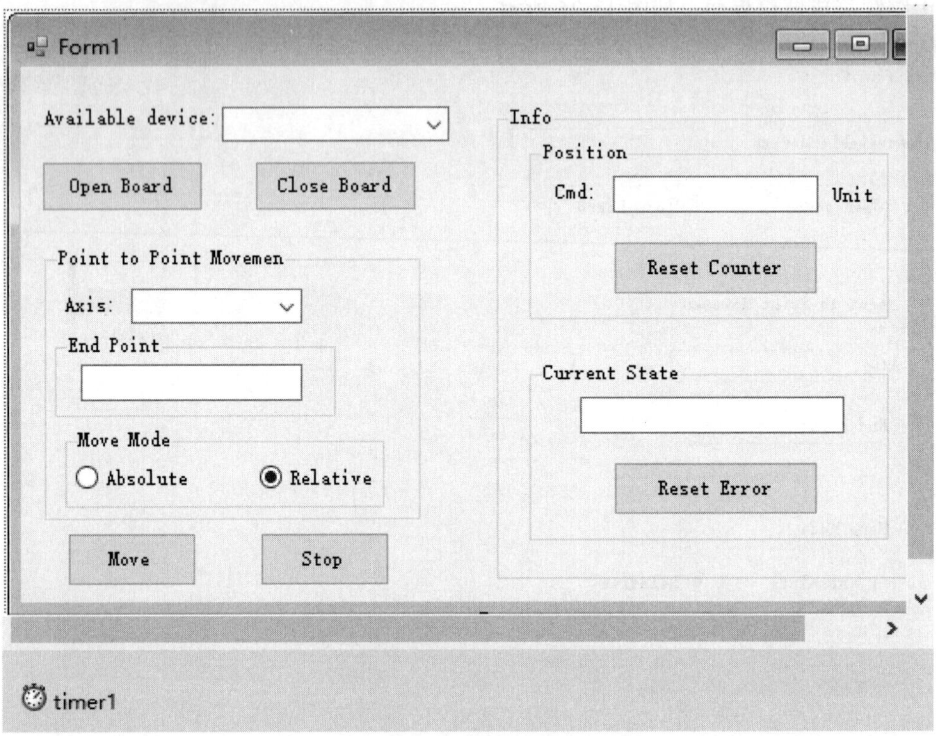

图 13-27 窗口界面

界面所需控件见表 13-4。

表 13-4 界面所需控件

控件	Name
Reset Counter	BtnResetCnt
Cmd	textBoxCmd
Current State	textBoxCurState
Reset Error	BtnResetError

① 在 BtnOpenBoard 函数尾部添加下列语句：

```
timer1.Enabled = true;
```

② 单击 Close Board 按钮，产生 BtnCloseBoard_Click 函数，添加如下语句：

```
//UInt16[] usAxisState = new UInt16[32];
```

```
uint AxisNum;
//Stop Every Axes
for (AxisNum = 0; AxisNum < 4; AxisNum++)
{
    Motion.mAcm_AxStopDec(m_Axishand[AxisNum]);
}
//Close Axes
for (AxisNum = 0; AxisNum < 4; AxisNum++)
{
    Motion.mAcm_AxClose(ref m_Axishand[AxisNum]);
}
//Close Device
Motion.mAcm_DevClose(ref m_DeviceHandle);
m_DeviceHandle = IntPtr.Zero;
timer1.Enabled = false;
CmbAxes.Items.Clear();
CmbAxes.Text = "";
textBoxCmd.Clear();
textBoxCurState.Clear();
```

③ 在 BtnOpenBoard 函数尾部添加下列语句：

```
timer1.Enabled = true;
```

④ 单击 Close Board 按钮，产生 BtnCloseBoard_Click 函数，添加如下语句：

```
//UInt16[] usAxisState = new UInt16[32];
uint AxisNum;
//Stop Every Axes
for (AxisNum = 0; AxisNum < 4; AxisNum++)
{
    Motion.mAcm_AxStopDec(m_Axishand[AxisNum]);
}
//Close Axes
for (AxisNum = 0; AxisNum < 4; AxisNum++)
{
    Motion.mAcm_AxClose(ref m_Axishand[AxisNum]);
}
//Close Device
Motion.mAcm_DevClose(ref m_DeviceHandle);
m_DeviceHandle = IntPtr.Zero;
timer1.Enabled = false;
CmbAxes.Items.Clear();
CmbAxes.Text = "";
textBoxCmd.Clear();
textBoxCurState.Clear();
```

⑤ 单击 Stop 按钮，产生 BtnStop_Click 函数，添加如下语句：

```
UInt16 AxState = new UInt16();
            //if axis is in error state , reset it first. then Stop Axes
Motion.mAcm_AxGetState(m_Axishand[CmbAxes.SelectedIndex], ref AxState);
```

```
if (AxState == (uint)AxisState.STA_AX_ERROR_STOP)
    Motion.mAcm_AxResetError(m_Axishand[CmbAxes.SelectedIndex]);
Motion.mAcm_AxStopDec(m_Axishand[CmbAxes.SelectedIndex]);
```

⑥ 单击 timer 控件，产生 timer1_Tick 函数，添加如下语句：

```
double CurCmd = new double();
UInt16 AxState = new UInt16();
string strTemp = "";
Motion.mAcm_AxGetCmdPosition(m_Axishand[CmbAxes.SelectedIndex], ref CurCmd);
textBoxCmd.Text = Convert.ToString(CurCmd);
Motion.mAcm_AxGetState(m_Axishand[CmbAxes.SelectedIndex], ref AxState);
switch (AxState)
{
    case 0:
        strTemp = "STA_AX_DISABLE";
        break;
    case 1:
        strTemp = "STA_AX_READY";
        break;
    case 2:
        strTemp = "STA_AX_STOPPING";
        break;
    case 3:
        strTemp = "STA_AX_ERROR_STOP";
        break;
    case 4:
        strTemp = "STA_AX_HOMING";
        break;
    case 5:
        strTemp = "STA_AX_PTP_MOT";
        break;
    case 6:
        strTemp = "STA_AX_CONTI_MOT";
        break;
    case 7:
        strTemp = "STA_AX_SYNC_MOT";
        break;
    default:
        break;
}
textBoxCurState.Text = strTemp;
```

⑦ 单击 Reset Counter 控件，产生 BtnResetCnt_Click 函数，添加如下语句：

```
double cmdPosition = new double();
cmdPosition = 0;
Motion.mAcm_AxSetCmdPosition(m_Axishand[CmbAxes.SelectedIndex],
cmdPosition);
```

⑧ 单击 Reset Error 控件，产生 BtnResetErr_Click 函数，添加如下语句：

```
Motion.mAcm_AxResetError(m_Axishand[CmbAxes.SelectedIndex])
```

3. 点对点运行完整程序

点对点运行程序流程图如图 13-28 所示。

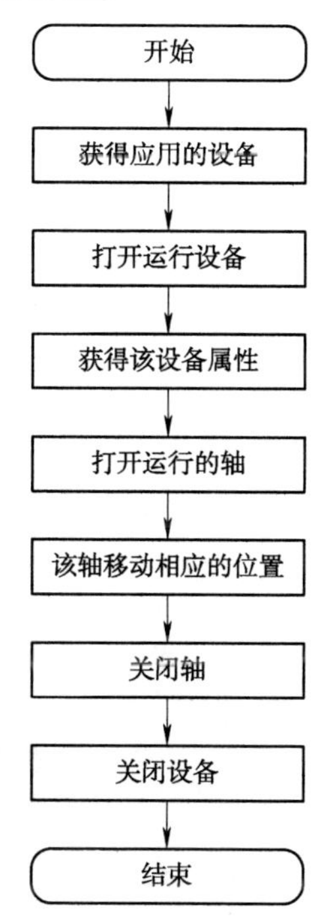

图 13-28　点对点运行程序流程图

完整程序如下：

```
using System;
using System.Collections.Generic;
using System.ComponentModel;
using System.Data;
using System.Drawing;
using System.Linq;
using System.Text;
using System.Windows.Forms;
using Advantech.Motion;//Common Motion API
namespace yd_ptp
{
    public partial class Form1 : Form
    {
        public Form1()
        {
            InitializeComponent();
        }
        private void Form1_Load(object sender, EventArgs e)
```

```
    {
        Motion.mAcm_GetAvailableDevs(CurAvailableDevs,
                Motion.MAX_DEVICES, ref deviceCount);
        CmbAvailableDevice.Items.Clear();
        for (int i = 0; i < deviceCount; i++)
        {
            CmbAvailableDevice.Items.Add(CurAvailableDevs[i].
                DeviceName);
        }
        if (deviceCount > 0)
        {
            CmbAvailableDevice.SelectedIndex = 0;
            DeviceNum = CurAvailableDevs[0].DeviceNum;
        }
    }
    private void BtnOpenBoard_Click(object sender, EventArgs e)
    {
        uint i = 0;
        uint AxisNumber = 0;//初始化为0
        uint buffLen = 4;
        Motion.mAcm_DevOpen(DeviceNum, ref m_DeviceHandle); //打开驱动器
        Motion.mAcm_GetProperty(m_DeviceHandle,
                             (uint)PropertyID.FT_DevAxesCount,
                             ref AxisNumber, ref buffLen);//得到属性
        CmbAxes.Items.Clear();
        for (i = 0; i < AxisNumber; i++)
        {
           //打开轴，并得到轴的句柄
           //初始化轴的属性
           //打开轴
           Motion.mAcm_AxOpen(m_DeviceHandle, (UInt16)i,
                       ref m_Axishand[i]);//打开轴
           CmbAxes.Items.Add(String.Format("{0:d}-Axis", i));
           double cmdPosition = new double();
           cmdPosition = 0;
           Motion.mAcm_AxSetCmdPosition(m_Axishand[i], cmdPosition);
        }
        CmbAxes.SelectedIndex = 0;
        timer1.Enabled = true;
    }
    private void BtnMove_Click(object sender, EventArgs e)
    {
         if (radioButRel.Checked)
         {
             Motion.mAcm_AxMoveRel(m_Axishand[CmbAxes.SelectedIndex],
             Convert.ToDouble(textBoxPos.Text));
         }
         else
```

```
        {
            Motion.mAcm_AxMoveAbs(m_Axishand[CmbAxes.SelectedIndex],
                                  Convert.ToDouble(textBoxPos.Text));
        }
    }
private void BtnCloseBoard_Click(object sender, EventArgs e)
{
    uint AxisNum;
    //Stop Every Axes
     for (AxisNum = 0; AxisNum < 4; AxisNum++)
     {
         Motion.mAcm_AxStopDec(m_Axishand[AxisNum]);
     }
     //Close Axes
     for (AxisNum = 0; AxisNum < 4; AxisNum++)
     {
        Motion.mAcm_AxClose(ref m_Axishand[AxisNum]);
     }
     //Close Device
     Motion.mAcm_DevClose(ref m_DeviceHandle);
     m_DeviceHandle = IntPtr.Zero;
     timer1.Enabled = false;
     CmbAxes.Items.Clear();
     CmbAxes.Text = "";
     textBoxCmd.Clear();
     textBoxCurState.Clear();
}
private void BtnStop_Click(object sender, EventArgs e)
{
    UInt16 AxState = new UInt16();
    //if axis is in error state , reset it first. then Stop Axes
    Motion.mAcm_AxGetState(m_Axishand[CmbAxes.SelectedIndex], ref AxState);
    if (AxState == (uint)AxisState.STA_AX_ERROR_STOP)
        Motion.mAcm_AxResetError(m_Axishand[CmbAxes.SelectedIndex]);
    Motion.mAcm_AxStopDec(m_Axishand[CmbAxes.SelectedIndex]);
 }
private void timer1_Tick(object sender, EventArgs e)
{
    double CurCmd = new double();
    UInt16 AxState = new UInt16();
    string strTemp = "";
    Motion.mAcm_AxGetCmdPosition(m_Axishand[CmbAxes.SelectedIndex],
                ref CurCmd);
    textBoxCmd.Text = Convert.ToString(CurCmd);
    Motion.mAcm_AxGetState(m_Axishand[CmbAxes.SelectedIndex],
                ref AxState);
     switch (AxState)
     {
         case 0:
```

```
                strTemp = "STA_AX_DISABLE";
                break;
            case 1:
                strTemp = "STA_AX_READY";
                break;
            case 2:
                strTemp = "STA_AX_STOPPING";
                break;
            case 3:
                strTemp = "STA_AX_ERROR_STOP";
                break;
            case 4:
                strTemp = "STA_AX_HOMING";
                break;
            case 5:
                strTemp = "STA_AX_PTP_MOT";
                break;
            case 6:
                strTemp = "STA_AX_CONTI_MOT";
                break;
            case 7:
                strTemp = "STA_AX_SYNC_MOT";
                break;
            default:
                break;
        }
        textBoxCurState.Text = strTemp;
    }
    private void BtnResetCnt_Click(object sender, EventArgs e)
    {
        double cmdPosition = new double();
        cmdPosition = 0;
        Motion.mAcm_AxSetCmdPosition(m_Axishand[CmbAxes.SelectedIndex],
                                     cmdPosition);
    }
    private void BtnResetErr_Click(object sender, EventArgs e)
    {
        Motion.mAcm_AxResetError(m_Axishand[CmbAxes.SelectedIndex]);
    }
  }
}
```

任务 13-2 运动控制卡回原点项目

要求：采用 PCI-1245 控制步进电机的运行，实行工作台回原点运动。

1. 建立应用程序

（1）建立一个 C# Windows 构架下的对话框应用程序。

（2）编译和连接设置

在引用下添加 AdvMotAPI.dll　(文件在 Public 文件夹下)，如图 13-29 所示。

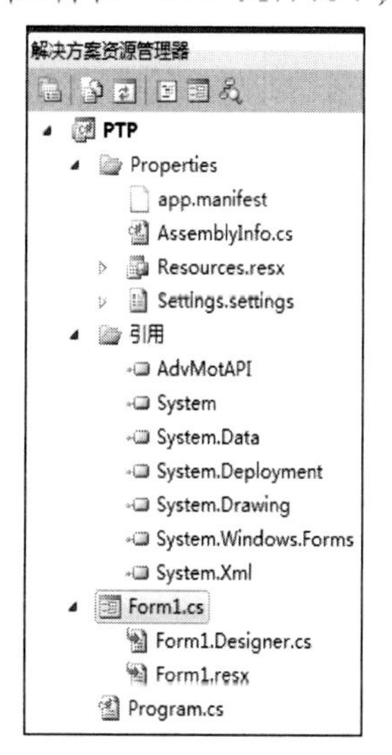

图 13-29　添加 AdvMotAPI.dll 文件

（3）编辑窗口界面，如图 13-30 所示。

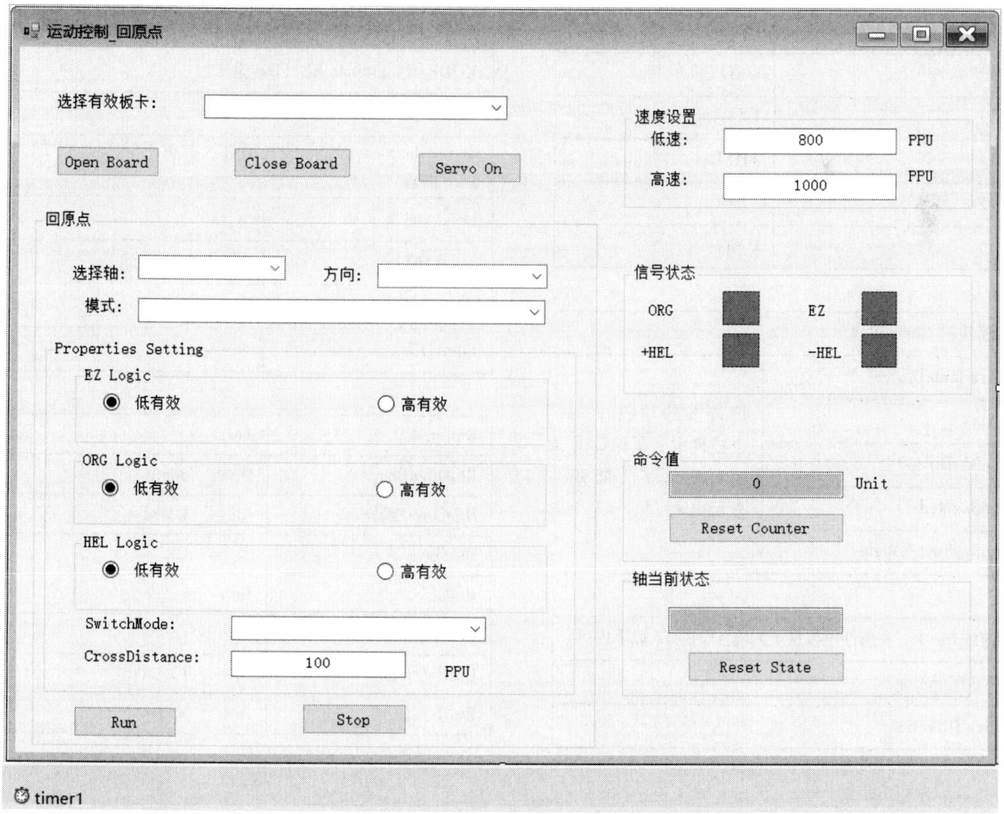

运动控制_回原点
选择有效板卡：
Open Board　Close Board　Servo On
速度设置
低速：800 PPU
高速：1000 PPU
回原点
选择轴：　方向：
模式：
Properties Setting
EZ Logic　低有效　高有效
ORG Logic　低有效　高有效
HEL Logic　低有效　高有效
SwitchMode:
CrossDistance: 100 PPU
Run　Stop
信号状态
ORG　EZ
+HEL　-HEL
命令值
0 Unit
Reset Counter
轴当前状态
Reset State
timer1

图 13-30　窗口界面

（4）窗口控件如图 13-31 所示。

name	text
Forme1	运动控制_回原点

公共控件: label	
name	text
label1	选择有效板卡:
label2	选择轴:
label3	方向:
label4	模式:
label5	SwitchMode:
label6	CrossDistance:
label7	低速:
label8	高速:
label9	PPU
label10	PPU
label11	PPU
label12	ORG
label13	EZ
label14	+HEL
label15	-HEL
label16	Unit

下拉选择框 ComboBox	
CmbAvailableDevice	把许多的项放在一个控件中，鼠标单击的时候从下方展开显示出来
CmbAxes	
ComboBoxDir	
ComboBoxMode	
ComboBoxSwitchMode	

ComboBoxDir 中 在属性里数据下的(集合)中加入以下内容
Positive Direction
Negative Direction

ComboBoxMode 中在属性里数据下的(集合)中加入以下内容
MODE1_Abs
MODE2_Lmt
MODE3_Ref
MODE4_Abs_Ref
MODE5_Abs_NegRef
MODE6_Lmt_Ref
MODE7_AbsSearch
MODE8_LmtSearch
MODE9_AbsSearch_Ref
MODE10_AbsSearch_NegRef
MODE11_LmtSearch_Ref
MODE12_AbsSearchReFind
MODE13_LmtSearchReFind
MODE14_AbsSearchReFind_Ref
MODE15_AbsSearchReFind_NegRef
MODE16_LmtSearchReFind_Ref

ComboBoxSwitchMode 中在属性里数据下的(集合)中加入以下内容
Level On
Level Off
Edge On
Edge Off

Button	Text
BtnOpenBoard	Open Board
BtnCloseBoard	Close Board
BtnServo	Servo On
BtnGo	Run
BtnStop	Stop
BtnResetCnt	Reset Counter
BtnResetErr	Reset State

图 13-31 窗口控件

分组框：GroupBox 把不同的控件分组（其实就是许多控件被框起来了，就是个带标题的容器）	
groupBox1	回原点
groupBox2	Properties Setting
groupBox3	EZ　Logic
groupBox4	ORG　Logic
groupBox5	HEL　Logic
groupBox6	速度设置
groupBox7	信号状态
groupBox8	命令值
groupBox9	轴当前状态

图片框：PictureBox
pictureBoxORG
pictureBoxEZ
pictureBoxPosHEL
pictureBoxNegHEL

编辑框：TextBox	text
textBoxCross	100
textBoxVelL	800
textBoxVelH	1000
textBoxCurCmd	0
textBoxCurState	

单选按钮：RadioButton	
radioButtonEZLow	低有效（checked=True）
radioButtonEZHigh	高有效（checked=False）
radioButtonORGLow	低有效
radioButtonORGHigh	高有效
radioButtonHELLow	低有效
radioButtonHELHigh	高有效

外观里 Web 背景颜色选择：Gray；添加组件：Timer

图 13-31　窗口控件（续）

2. 添加和修改程序

（1） 在 Form1Designer.cs 文件完成以下工作。

① 添加命名空间：

```
using Advantech.Motion;//Common Motion API
using  System;
```

② 在 partial class Form1 内部最后添加如下语句：

```
DEV_LIST[] CurAvailableDevs = new DEV_LIST[Motion.MAX_DEVICES];
uint deviceCount = 0;
uint DeviceNum = 0;
IntPtr m_DeviceHandle = IntPtr.Zero;
IntPtr[] m_Axishand = new IntPtr[32];
uint m_ulAxisCount = 0;
bool m_bInit = false;
bool m_bServoOn = false;
```

（2）在 Form1.cs 文件中添加以下内容。

① 添加命名空间：

```
using Advantech.Motion;//Common Motion API
using System.Runtime.InteropServices; //For Marshal
```

双击 Form1 窗口，添加函数内容：

```
  int Result;
  Result = Motion.mAcm_GetAvailableDevs(CurAvailableDevs,
                    Motion. MAX_DEVICES, ref deviceCount);
  if (Result != (int)ErrorCode.SUCCESS)
```

```
  {
     MessageBox.Show("Can Not Get Available Device", "Line",
                        MessageBoxButtons.OK, MessageBoxIcon.Error);
     return;
  }
  CmbAvailableDevice.Items.Clear();
  for (int i = 0; i < deviceCount; i++)
  {
     CmbAvailableDevice.Items.Add(CurAvailableDevs[i].DeviceName);
  }
  if (deviceCount > 0)
  {
     CmbAvailableDevice.SelectedIndex = 0;
     DeviceNum = CurAvailableDevs[0].DeviceNum;
  }
```

② 双击 IDC_AVLAIBLEDEVICE 组合框，添加函数内容：

```
DeviceNum = CurAvailableDevs[CmbAvailableDevice.SelectedIndex].DeviceNum;
//选择更改设备编号
```

双击 Open Device 按钮，添加函数内容：

```
uint Result;
uint i = 0;
uint[] slaveDevs = new uint[16];
uint AxesPerDev = new uint();
uint AxisNumber;
uint buffLen = 0;
Result = Motion.mAcm_DevOpen(DeviceNum, ref m_DeviceHandle);
if (Result != (uint)ErrorCode.SUCCESS)
{
    MessageBox.Show("Can Not Open Device", "Home",
                      Message BoxButtons.OK, MessageBoxIcon.Error);
    return;
}
buffLen = 4;
Result = Motion.mAcm_GetProperty(m_DeviceHandle,
       (uint)PropertyID.FT_DevAxesCount, ref AxesPerDev, ref buffLen);
if (Result != (uint)ErrorCode.SUCCESS)
{
    MessageBox.Show("Get Property Error", "Home",
                      MessageBox Buttons.OK, MessageBoxIcon.Error);
    return;
}
AxisNumber = AxesPerDev;
buffLen = 64;
Result = Motion.mAcm_GetProperty(m_DeviceHandle,
         (uint)PropertyID.CFG_DevSlaveDevs, slaveDevs, ref buffLen);
if (Result == (uint)ErrorCode.SUCCESS)
```

```
    {
        i = 0;
        while (slaveDevs[i] != 0)
        {
            AxisNumber += AxesPerDev;
            i++;
        }
    }
    m_ulAxisCount = AxisNumber;
    CmbAxes.Items.Clear();
    for (i = 0; i < m_ulAxisCount; i++)
    {
        //Open every Axis and get the each Axis Handle
        //And Initial property for each Axis

        //Open Axis
        Result = Motion.mAcm_AxOpen(m_DeviceHandle, (UInt16)i,
                 ref m_Axishand[i]);
        if (Result != (uint)ErrorCode.SUCCESS)
        {
            MessageBox.Show("Open Axis Failed", "Home",
                            MessageBox Buttons.OK, MessageBoxIcon.Error);
            return;
        }

        CmbAxes.Items.Add(String.Format("{0:d}-Axis", i));
        //Reset Command Counter
        double cmdPosition = new double();
        cmdPosition = 0;
        Motion.mAcm_AxSetCmdPosition(m_Axishand[i], cmdPosition);
    }
    CmbAxes.SelectedIndex = 0;
    ComboBoxDir.SelectedIndex = 0;
    ComboBoxMode.SelectedIndex = 0;
    ComboBoxSwitchMode.SelectedIndex = 2;
    m_bInit = true;
    timer1.Enabled = true;
```

③ 双击 Close Device 按钮，添加函数内容：

```
UInt16[] usAxisState = new UInt16[32];
uint AxisNum;
//Stop Every Axes
if (m_bInit == true)
{
    for (AxisNum = 0; AxisNum < m_ulAxisCount; AxisNum++)
    {
```

```
        Motion.mAcm_AxGetState(m_Axishand[AxisNum], ref usAxis State[AxisNum]);
        if (usAxisState[AxisNum] == (uint)AxisState.STA_AX_ ERROR_STOP)
        {
            Motion.mAcm_AxResetError(m_Axishand[AxisNum]);
        }
        Motion.mAcm_AxStopDec(m_Axishand[AxisNum]);
    }
    //Close Axes
    for (AxisNum = 0; AxisNum < m_ulAxisCount; AxisNum++)
    {
        Motion.mAcm_AxClose(ref m_Axishand[AxisNum]);
    }
    m_ulAxisCount = 0;
    //Close Device
    Motion.mAcm_DevClose(ref m_DeviceHandle);
    m_DeviceHandle = IntPtr.Zero;
    timer1.Enabled = false;
    m_bInit = false;
    CmbAxes.Items.Clear();
    CmbAxes.Text = "";
    textBoxCurState.Clear();
}
```

④ 双击 Servo On 按钮，添加函数内容：

```
UInt32 AxisNum;
UInt32 Result;
//Check the servoOno flag to decide if turn on or turn off the ServoOn output.
    if (!m_bInit)
    {
        return;
    }
    if (m_bServoOn == false)
    {
        for (AxisNum = 0; AxisNum < m_ulAxisCount; AxisNum++)
        {
            Result = Motion.mAcm_AxSetSvOn(m_Axishand[AxisNum], 1);
            if (Result != (uint)ErrorCode.SUCCESS)
            {
                MessageBox.Show("Servo On failed with Error Code[0x" +
                Convert.ToString(Result, 16) + "]", "Home",
                MessageBoxButtons.OK, MessageBoxIcon.Error);
                return;
            }
            m_bServoOn = true;
            BtnServo.Text = "Servo Off";
        }
    }
    else
```

```
    {
        for (AxisNum = 0; AxisNum < m_ulAxisCount; AxisNum++)
        {
            Result = Motion.mAcm_AxSetSvOn(m_Axishand[AxisNum], 0);
            if (Result != (uint)ErrorCode.SUCCESS)
            {
                MessageBox.Show("Servo Off failed with Error Code[0x" +
                Convert.ToString(Result, 16) + "]", "Home",
                MessageBoxButtons.OK, MessageBoxIcon.Error);
                return;
            }
            m_bServoOn = false;
            BtnServo.Text = "Servo On";
    }
}
```

⑤ 双击 Run 按钮，添加函数内容：

```
UInt32 Result;
UInt32 PropertyVal = new UInt32();
double Vel = new double();
double CrossDistance = new double();
if (!m_bInit)
{
    return;
}
Vel = Convert.ToDouble(textBoxVelL.Text);
Result = Motion.mAcm_SetProperty(m_Axishand[CmbAxes.SelectedIndex],
        (uint)PropertyID.PAR_AxVelLow, ref Vel,
        (uint)Marshal.SizeOf(typeof(double)));
if (Result != (uint)ErrorCode.SUCCESS)
{
    MessageBox.Show("Set Property-PAR_AxVelLow Failed With Error
    Code[0x" + Convert.ToString(Result, 16) + "]", "Home",
    MessageBoxButtons.OK, MessageBoxIcon.Error);
return;
}
Vel = Convert.ToDouble(textBoxVelH.Text);
Result = Motion.mAcm_SetProperty(m_Axishand[CmbAxes.SelectedIndex],
        (uint)PropertyID.PAR_AxVelHigh, ref Vel,
        (uint)Marshal.SizeOf(typeof(double)));
if (Result != (uint)ErrorCode.SUCCESS)
{
    MessageBox.Show("Set Property-PAR_AxVelHigh Failed With Error
    Code[0x" + Convert.ToString(Result, 16) + "]", "Home",
    MessageBoxButtons.OK, MessageBoxIcon.Error);
    return;
}
PropertyVal = (UInt32)ComboBoxSwitchMode.SelectedIndex;
Result = Motion.mAcm_SetProperty(m_Axishand[CmbAxes.SelectedIndex],
```

```
        (uint)PropertyID.PAR_AxHomeExSwitchMode, ref PropertyVal,
        (uint)Marshal.SizeOf (typeof(UInt32)));
    if (Result != (uint)ErrorCode.SUCCESS)
    {
        MessageBox.Show("Set Property-PAR_AxHomeExSwitchMode Failed With
            Error Code[0x" + Convert.ToString(Result, 16) + "]", "Home",
            MessageBoxButtons.OK, MessageBoxIcon.Error);
        return;
    }
    CrossDistance = Convert.ToDouble(textBoxCross.Text);
    Result = Motion.mAcm_SetProperty(m_Axishand[CmbAxes.SelectedIndex],
            (uint)PropertyID.PAR_AxHomeCrossDistance, ref CrossDistance,
            (uint)Marshal. SizeOf(typeof(double)));
    if (Result != (uint)ErrorCode.SUCCESS)
    {
        MessageBox.Show("Set  Property-AxHomeCrossDistance  Failed  With  Error
Code[0x" + Convert.ToString(Result, 16) + "]", "Home", MessageBoxButtons.OK,
MessageBoxIcon.Error);
         return;
    }
    Result = Motion.mAcm_AxHome(m_Axishand[CmbAxes.SelectedIndex],
            (UInt32)ComboBoxMode.SelectedIndex,
            (UInt32)ComboBoxDir.SelectedIndex);
    if (Result != (uint)ErrorCode.SUCCESS)
    {
         MessageBox.Show("AxHome Failed With Error Code[0x" + Convert.
                          ToString(Result, 16) + "]", "Home",
                          MessageBoxButtons.OK, MessageBoxIcon.Error);
         return;
    }
    return;
```

⑥ 双击 Stop 按钮，添加函数内容：

```
    UInt16 AxState = new UInt16();
    if (m_bInit)
    {
        //if axis is in error state , reset it first. then Stop Axes
        Motion.mAcm_AxGetState(m_Axishand[CmbAxes.SelectedIndex], ref AxState);
        if (AxState == (uint)AxisState.STA_AX_ERROR_STOP)
        { Motion.mAcm_AxResetError(m_Axishand[CmbAxes.SelectedIndex]); }
          Motion.mAcm_AxStopDec(m_Axishand[CmbAxes.SelectedIndex]);
        }
        return;
    }

    private void buttonResetCnt_Click(object sender, EventArgs e)
    {

    double Position = new double();
```

```
Position = 0;

if (m_bInit == true)
{
    Motion.mAcm_AxSetCmdPosition(m_Axishand[CmbAxes. SelectedIndex],
                                 Position);

    Motion.mAcm_AxSetActualPosition(m_Axishand[CmbAxes. SelectedIndex],
                                    Position);
}
```

⑦ 双击 Reset Counter 按钮，添加如下内容：

```
double Position = new double();
Position = 0;

if (m_bInit == true)
{
     Motion.mAcm_AxSetCmdPosition(m_Axishand[CmbAxes.SelectedIndex],
       Position);
     Motion.mAcm_AxSetActualPosition(m_Axishand[CmbAxes.SelectedIndex],
       Position);
}
```

⑧ 双击 Reset Error 按钮，添加如下内容：

```
if (m_bInit == true)
{ Motion.mAcm_AxResetError(m_Axishand[CmbAxes.SelectedIndex]); }
```

⑨ 双击 radioButtonEZLow 单选按钮，添加如下内容：

```
UInt32 Result;
UInt32 PropertyVal = new UInt32();
if (!m_bInit)
{
   return;
}
if (radioButtonEZLow.Checked)
{
   PropertyVal = 0;
}
else
{ PropertyVal = 1; }
Result = Motion.mAcm_SetProperty(m_Axishand[CmbAxes.SelectedIndex],
         (uint)PropertyID.CFG_AxEzLogic, ref PropertyVal, (uint)
         Marshal.SizeOf(typeof (UInt32)));
if (Result != (uint)ErrorCode.SUCCESS)
{
   MessageBox.Show("Set Property-CFG_AxEzLogic Failed With Error
      Code[0x" + Convert.ToString(Result, 16) + "]", "Home",
      MessageBoxButtons.OK, MessageBoxIcon.Error);
   return;
}
```

⑩ 双击 radioButtonORGLow 单选按钮，添加如下内容：

```
UInt32 Result;
UInt32 PropertyVal = new UInt32();
if (!m_bInit)
{
    return;
}
if (radioButtonORGLow.Checked)
{
    PropertyVal = 0;
}
else
{ PropertyVal = 1; }

Result = Motion.mAcm_SetProperty(m_Axishand[CmbAxes.
    SelectedIndex], (uint)PropertyID.CFG_AxOrgLogic,
    ref PropertyVal, (uint) Marshal.SizeOf(typeof(UInt32)));
if (Result != (uint)ErrorCode.SUCCESS)
{
    MessageBox.Show("Set Property-CFG_AxOrgLogic Failed With Error
      Code[0x" + Convert.ToString(Result, 16) + "]", "Home",
      MessageBoxButtons.OK, MessageBoxIcon.Error);
    return;
}
```

⑪ 双击 radioButtonHELLow 单选按钮，添加如下内容：

```
UInt32 Result;
UInt32 PropertyVal = new UInt32();
if (!m_bInit)
{
    return;
}
if (radioButtonHELLow.Checked)
{
    PropertyVal = 0;
}
else
{ PropertyVal = 1; }

Result = Motion.mAcm_SetProperty(m_Axishand[CmbAxes.
    SelectedIndex], (uint)PropertyID.CFG_AxElLogic,
    ref PropertyVal, (uint) Marshal.SizeOf(typeof(UInt32)));
if (Result != (uint)ErrorCode.SUCCESS)
{
    MessageBox.Show("Set Property-CFG_AxElLogic Failed With
        ErrorCode[0x" + Convert.ToString(Result, 16) + "]", "Home",
        MessageBoxButtons.OK, MessageBoxIcon.Error);
    return;
}
```

⑫ 双击 timer1 组件，添加如下内容：

```
UInt32 Result;
double CurCmd = new double();
```

```
UInt16 AxState = new UInt16();
UInt32 IOStatus = new UInt32();
string strTemp = "";
if (m_bInit)
{
   Result = Motion.mAcm_AxGetMotionIO(m_Axishand[CmbAxes.Selected Index],
          ref IOStatus);
   if (Result == (uint)ErrorCode.SUCCESS)
   {
      if ((IOStatus & 0x10)>0)//ORG
      {
         pictureBoxORG.BackColor = Color.Red;
      }
      else
      {
         pictureBoxORG.BackColor = Color.Gray;
      }

      if ((IOStatus & 0x200)>0)//EZ
      {
         pictureBoxEZ.BackColor = Color.Red;
      }
      else
      {
         pictureBoxEZ.BackColor = Color.Gray;
      }

      if ((IOStatus & 0x4)>0)//+EL
      {
         pictureBoxPosHEL.BackColor = Color.Red;
      }
      else
      {
         pictureBoxPosHEL.BackColor = Color.Gray;
      }

      if ((IOStatus & 0x8)>0)//-EL
      {
         pictureBoxNegHEL.BackColor = Color.Red;
      }
      else
      {
         pictureBoxNegHEL.BackColor = Color.Gray;
      }
   }

   Motion.mAcm_AxGetCmdPosition(m_Axishand[CmbAxes.SelectedIndex], ref CurCmd);
         textBoxCurCmd.Text = Convert.ToString(CurCmd);
   Motion.mAcm_AxGetState(m_Axishand[CmbAxes.SelectedIndex], ref AxState);
         switch (AxState)
```

```
            {
                case 0:
                    strTemp = "STA_AX_DISABLE";
                    break;
                case 1:
                    strTemp = "STA_AX_READY";
                    break;
                case 2:
                    strTemp = "STA_AX_STOPPING";
                    break;
                case 3:
                    strTemp = "STA_AX_ERROR_STOP";
                    break;
                case 4:
                    strTemp = "STA_AX_HOMING";
                    break;
                case 5:
                    strTemp = "STA_AX_PTP_MOT";
                    break;
                case 6:
                    strTemp = "STA_AX_CONTI_MOT";
                    break;
                case 7:
                    strTemp = "STA_AX_SYNC_MOT";
                    break;
                default:
                    break;
            }
            textBoxCurState.Text = strTemp;
        }
    }
}
```

3. 运行程序

在实训台上运行程序，并观察结果。

参考文献

[1] 李江全. 计算机控制技术[M]. 北京：机械工业出版社，2016.

[2] 于微波，刘俊平，姜长泓. 计算机测控技术与系统[M]. 北京：机械工业出版社，2015.

[3] 海杰尔斯伯格，托格森，威尔塔姆，等. C#程序设计语言[M]. 陈宝国，黄俊莲，马燕新，译. 北京：机械工业出版社，2011.

[4] 李江全. Visual Basic 串口通信及测控应用实例详解[M]. 北京：电子工业出版社，2012.

[5] 曲扬. Visual C# 实效编程 280 例[M]. 北京：人民邮电出版社，2009.

[6] 王用伦. 微机控制技术[M]. 2 版. 重庆：重庆大学出版社，2010.

[7] 斯基特. 深入理解 C#（第 3 版）[M]. 姚琪琳，译. 北京：人民邮电出版社，2014.